数字信号处理实训

主　编　刘华章　何忠礼

副主编　柏廷广　王先国　林舜杰

中山大学出版社
SUN YAT-SEN UNIVERSITY PRESS

·广州·

图书在版编目（CIP）数据

数字信号处理实训 / 刘华章，何忠礼主编 . —广州：中山大学出版社，2022.3
ISBN 978－7－306－07472－0

Ⅰ. ①数…　Ⅱ. ①刘…　②何…　Ⅲ. ①数字信号处理—教材　Ⅳ. ①TN911.72

中国版本图书馆 CIP 数据核字（2022）第 045105 号

出　版　人：王天琪
策划编辑：陈　慧　李海东
责任编辑：李海东
封面设计：曾　斌
责任校对：张　松
责任技编：靳晓虹
出版发行：中山大学出版社
电　　话：编辑部 020－84110776，84111996，84111997，84113349
　　　　　发行部 020－84111998，84111981，84111160
地　　址：广州市新港西路 135 号
邮　　编：510275　　　　　传　真：020－84036565
网　　址：http://www.zsup.com.cn　　E-mail:zdcbs@mail.sysu.edu.cn
印　刷　者：广州市友盛彩印有限公司
规　　格：787mm×1092mm　　1/16　　11.75 印张　　300 千字
版次印次：2022 年 3 月第 1 版　　2022 年 3 月第 1 次印刷
定　　价：56.00 元

内容简介

本教材分两部分，第一部分是数字信号处理 MATLAB 仿真实训，第二部分是数字信号处理 DSP 硬件实训。本书注重 MATLAB 基础和 DSP 器件原理在电子技术类学科领域的应用，内容丰富广泛，实例新颖实用，能满足电子类学科教学需要。

本教材的特色是突出 MATLAB 实用性和 DSP 应用性，实训内容由浅入深，由简单到复杂，以便对学生进行实训方法和实训技能的训练，让学生建立系统概念，以培养其分析问题和解决问题的能力、综合应用能力及工程设计能力。

本教材既可作为高等学校本科生的实训教材，也可作为电子工程技术人员参考书。

前　言

　　数字信号处理实训是一门理论和实践密切结合的课程，为了深入地掌握课程内容，实训是必不可少的一个环节。实训结果及实训报告情况是本课程评价的重要内容和指标。

　　本教材的内容分两部分。第一部分是数字信号处理 MATLAB 仿真实训，包括实训一信号、系统及响应实训，实训二采样定理实训，实训三 z 映射变换实训，实训四离散傅里叶变换（DFT）应用实训，实训五快速傅里叶变换（FFT）应用实训，实训六无限脉冲响应（IIR）数字滤波器实训，实训七有限脉冲响应（FIR）数字滤波器实训，实训八数字信号处理课程设计实训。要求学生在熟练掌握课堂内容的基础上能独立完成本教材所列的实训任务，通过实训达到使学生更好地理解理论知识、提高编程能力、培养钻研精神的目的。第二部分是数字信号处理 DSP 硬件实训，包括实训九正弦信号发生器实训，实训十模拟调制解调实训，实训十一快速傅里叶变换（FFT）实训，实训十二有限长单位冲激响应（FIR）数字滤波实训，实训十三无限长单位冲激响应（IIR）数字滤波实训，实训十四图像采集及图像二值化处理实训，实训十五 A/D 和 D/A 设计实训，实训十六语音采集处理设计实训，实训十七 DSP 课程设计实训。另外，为了方便实训编程查找函数，教材最后增加了附录，附录 A 列出了数字信号处理实训电路，附录 B 列出了 MATLAB 数字信号处理工具箱的主要函数。本书所有实训任务都配有程序代码，如有需要请联系作者索取，作者邮箱：yt6 Hz@163.com。

　　本教材由刘华章、何忠礼策划。其中，刘华章主编第一部分数字信号处理 MATLAB 仿真实训部分；何忠礼主编第二部分数字信号处理 DSP 硬件实训部分，并对实训九至实训十一 DSP 实训进行了程序调试；柏廷广编写实训十二至实训十四 DSP 实训，并进行程序调试；王先国编写实训十五至实训十六 DSP 实训，并进行程序调试；林舜杰对实训八和实训十七两个课程设计实训进行了设计。魏爱香教授对本教材进行了统稿并提出了宝贵意见，陈怡华参与了资料整理录入工作，深圳市博嵌科教仪器有限公司提供了部分技术资料，中山大学出版社对本教材的出版给予了鼓励和支持。作者在此一并致谢。

　　本教材既可作为高等学校本科生的实训教材，也可作为电子工程技术人员参考书。希望本教材对读者有所裨益，也希望有助于 DSP 技术推广。由于编者水平有限，书中难免有不妥之处，欢迎使用本教材的老师、学生和技术人员批评指正。

编　者

2022 年 1 月

contents **目 录**

第一部分　数字信号处理 MATLAB 仿真实训

第二部分　数字信号处理 DSP 硬件实训

第一部分　数字信号处理 MATLAB 仿真实训

MATLAB 仿真实训部分主要介绍 MATLAB（本书采用的是 7.0 版本）在数字信号处理中的应用。内容涵盖了信号与信号处理、时域中的离散时间信号与系统、变换域中的离散时间信号、连续时间信号的数字处理、数字滤波器的结构与设计、数字信号处理应用等方面。本部分的特点在于分析理论内容的同时，给出了 MATLAB 程序验证，列举了多达 51 个示例。

离散时间信号（简称离散信号）是只在一系列离散时刻才有定义的信号。即离散信号是离散时间变量 t_n 的函数，可表示为 $x(t_n)$。通常为了表示方便，一般把时间间隔省略，而用 $x(n)$ 来表示离散信号，其中，n 表示采样的间隔数。因此，$x(n)$ 是一个离散序列，简称序列。

在离散信号的表示中，离散时间 n 的取值范围是 $(-\infty, +\infty)$ 的整数。而在 MATLAB 中，向量 x 的下标不能取小于等于 0 的数，因此时间变量 n 不能简单地看成向量 x 的下标，而必须按照向量 x 的长度和起始时间来对时间变量 n 进行定义，如此才能利用向量 x 和时间变量 n 完整地表示离散序列。

信号的基本运算通常包括相加、相乘、延时、翻转、卷积等运算操作。任何一种运算操作都会产生新的信号，并且运算方法对于连续时间信号和离散时间信号均成立。但由于在 MATLAB 中实际是无法生成连续信号的，因此通常都是按照离散时间信号来表示信号的基本运算。信号的基本运算是复杂信号处理的基础。

要求学生在熟练掌握课堂内容的基础上能独立完成本教程所列的实训内容，达到更好地理解理论知识、提高编程能力、培养钻研精神的目的。通过增加数字信号处理课程设计综合性课程实践环节，要求学生综合运用本课程的理论知识进行频谱分析以及滤波器设计，并利用 MATLAB 平台进行仿真实现，从而复习巩固课堂所学理论知识，提高对所学知识的综合应用能力，并从实践上初步掌握对实际信号的处理能力。

MATLAB 仿真实训部分包含如下实训：

实训一　信号、系统及响应实训

实训二　采样定理实训

实训三　z 映射变换实训

实训四　离散傅里叶变换（DFT）应用实训

实训五　快速傅里叶变换（FFT）应用实训

实训六　无限脉冲响应（IIR）数字滤波器实训

实训七　有限脉冲响应（FIR）数字滤波器实训

实训八　数字信号处理课程设计实训

实训一　信号、系统及响应实训

一、实训目的

（1）了解常用时域离散信号及其特点。

（2）掌握用 MATLAB 产生时域离散信号的方法。

（3）加深对单位脉冲响应、单位阶跃响应和卷积分析方法的理解，熟悉时域离散系统的时域特性。

二、实训内容

（1）阅读并上机验证实训原理部分的例题程序，理解每一条语句的含义。

改变例题中的有关参数（如信号的频率、周期、幅度、显示时间的取值范围、采样点数等），观察对信号波形的影响。

（2）编写程序，产生以下离散序列：

①$f(n)=\delta(n)$　　　　　$(-3{\leqslant}n{\leqslant}4)$;　　　　　②$f(n)=u(n)$　　　　　$(-5{\leqslant}n{\leqslant}5)$;

③$f(n)=e^{(0.1+j1.6\pi)n}$　$(0{\leqslant}n{\leqslant}16)$。　　　　④$f(n)=3\sin(n\pi/4)$　$(0{\leqslant}n{\leqslant}20)$。

（3）一个连续的周期性方波信号频率为 200 Hz，信号幅度在 $-1\sim+1$ V 之间，要求在图形窗口上显示其两个周期的波形。以 4 kHz 的频率对连续信号进行采样，编写程序生成连续信号和其采样获得的离散信号波形。

三、实训仪器和设备

计算机，MATLAB 软件。

四、实训原理及步骤

1. 时域离散信号的概念

在时间轴的离散点上取值的信号，称为离散时间信号。通常，离散时间信号用 $x(n)$ 表示，其幅度可以在某一范围内连续取值。由于信号处理设备或装置（如计算机、专用的信号处理芯片等）均以有限位的二进制数来表示信号的幅度，因此，信号的幅度也必须离散化。我们把时间和幅度均取离散值的信号称为时域离散信号或数字信号。

在 MATLAB 语言中，时域离散信号可以通过编写程序直接产生。

2. 常用时域离散信号的生成

1）单位抽样序列

单位抽样序列的表示式为：

$$\delta(n)=\begin{cases}1 & n=0\\0 & n\neq0\end{cases}\quad\text{或}\quad\delta(n-k)=\begin{cases}1 & n=k\\0 & n\neq0\end{cases}。$$

以下三段程序分别用不同的方法来产生单位抽样序列。

例 1—1　方法一，用 MATLAB 的关系运算式来产生单位抽样序列。

```
n1=-5;n2=5;n0=0;
n=n1:n2;
x=[n==n0];% 可以解释为判断语句,结果为真,x=1;否则,x=0;
stem(n,x,'filled');
axis([n1,n2,0,1.1*max(x)]);
xlabel('时间(n)');ylabel('幅度 x(n)');
title('单位脉冲序列');
```

程序运行结果如图 1—1 所示。

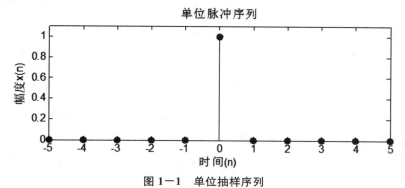

图 1—1　单位抽样序列

例 1—2　方法二，用 zeros 函数和抽样点直接赋值来产生单位抽样序列。

```
n1=-5;n2=5;k=0;
n=n1:n2;
nt=length(n);
nk=abs(k-n1)+1;
x=zeros(1,nt);
x(nk)=1;
```

程序运行结果与例 1—1 相同。

例 1—3　方法三，生成移位的单位脉冲序列。

```
n1=-5;n2=5;n0=2;
n=n1:n2;
x=[(n-n0)==0];
stem(n,x,'filled');
axis([n1,n2,0,1.1*max(x)]);
xlabel('时间(n)');ylabel('幅度 x(n)');
title('单位脉冲序列');
```

程序运行结果如图 1—2 所示。

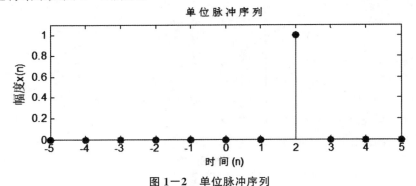

图 1—2　单位脉冲序列

2）单位阶跃序列

单位阶跃序列表示式为：

$$u(n)=\begin{cases}1 & n\geqslant0 \\ 0 & n<0\end{cases} \quad 或 \quad u(n-k)=\begin{cases}1 & n\geqslant0 \\ 0 & n<0\end{cases}。$$

以下三段程序分别用不同的方法来产生单位阶跃序列。

例 1—4　方法一，用 MATLAB 的关系运算式来产生单位阶跃序列。

```
n1=-2;n2=8;n0=0;
n=n1:n2;
x=[n>=n0];
stem(n,x,'filled');
axis([n1,n2,0,1.1*max(x)]);
xlabel('时间(n)');ylabel('幅度 x(n)');
title('单位阶跃序列');box
```

程序运行结果如图 1—3 所示。

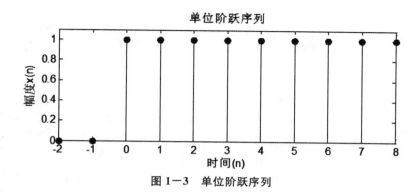

图1—3 单位阶跃序列

例1—5 方法二，用 zeros 和 ones 函数来产生单位阶跃序列。

```
n1=-2;n2=8;k=0;
n=n1:n2;
nt=length(n);
nk=abs(k-n1)+1;
x=[zeros(1,nk-1),ones(1,nt-nk+1)];
```

程序运行结果与例1—4相同。

例1—6 方法三，生成移位的单位阶跃序列。

```
n1=-10;n2=10;n0=4;n=n1:n2;
x=[(n-n0)>=0];stem(n,x,'filled');
axis([n1,n2,0,1.1*max(x)]);
xlabel('时间(n)');ylabel('幅度 x(n)');
title('移位的单位阶跃序列');box
```

程序运行结果如图1—4所示。

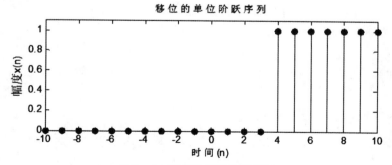

图1—4 移位的单位阶跃序列

3）实指数序列

实指数序列的表示式为：$x(n)=a^n$，其中 a 为实数。

例 1—7　编写产生 $a=1/2$ 和 $a=2$ 的实指数连续信号和离散序列的程序。

```
n1=-10;n2=10;a1=0.5;a2=2;
na1=n1:0;x1=a1.^na1;
na2=0:n2;x2=a2.^na2;
subplot(2,2,1);plot(na1,x1);title('实指数信号(a<1)');
subplot(2,2,3);stem(na1,x1,'filled');title('实指数序列(a<1)');
subplot(2,2,2);plot(na2,x2);title('实指数信号(a>1)');
subplot(2,2,4);stem(na2,x2,'filled');title('实指数序列(a<1)');box
```

程序运行结果如图 1—5 所示。

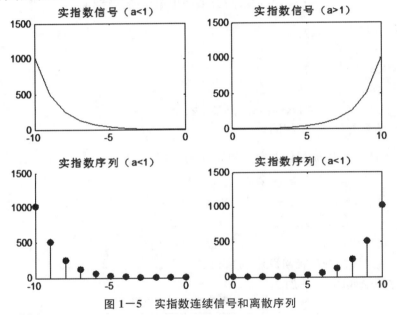

图 1—5　实指数连续信号和离散序列

4）复指数序列

复指数序列的表示式为：$x(n)=\mathrm{e}^{(\sigma+j\omega)n}$。

当 $\omega=0$ 时，$x(n)$ 为实指数序列；当 $\sigma=0$ 时，$x(n)$ 为虚指数序列，即

$$\mathrm{e}^{j\omega n}=\cos(\omega n)+j\sin(\omega n)。$$

其实部为余弦序列，虚部为正弦序列。

例 1—8　编写程序产生 $\sigma=-0.1$，$\omega=0.6$ 的复指数连续信号与离散序列。

```
n1=30;a=-0.1;w=0.6;
n=0:n1;
x=exp((a+j*w)*n);
```

```
    subplot(2,2,1);plot(n,real(x));
title('复指数信号的实部');
subplot(2,2,3);stem(n,real(x),'filled');
title('复指数序列的实部');
subplot(2,2,2);plot(n,imag(x));
title('复指数信号的虚部');
subplot(2,2,4);stem(n,imag(x),'filled');
title('复指数序列的虚部');box
```

程序运行结果如图 1—6 所示。

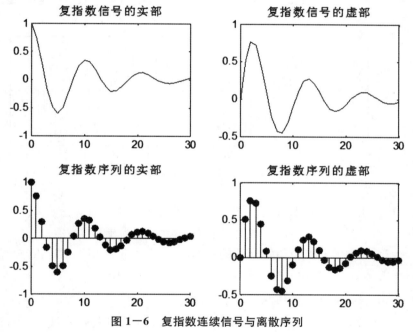

图 1—6 复指数连续信号与离散序列

5) 正（余）弦序列

正（余）弦序列的表示式为：$x(n) = U_m \sin(\omega_0 n + \Theta)$。

例 1—9 已知一时域周期性正弦信号的频率为 1 Hz，振幅值为 1 V。编写程序在图形窗口上显示两个周期的信号波形，并对该信号的一个周期进行 32 点采样获得离散信号。

```
f=1;Um=1;nt=2;N=32;T=1/f;
dt=T/N;n=0:nt*N-1;
tn=n*dt;x=Um*sin(2*f*pi*tn);
subplot(2,1,1);plot(tn,x);
axis([0,nt*T,1.1*min(x),1.1*max(x)]);ylabel('x(t)');
```

```
subplot(2,1,2);stem(tn,x);axis([0,nt*T,1.1*min(x),1.1*max(x)]);
ylabel('x(n)');box
```

程序运行结果如图 1－7 所示。

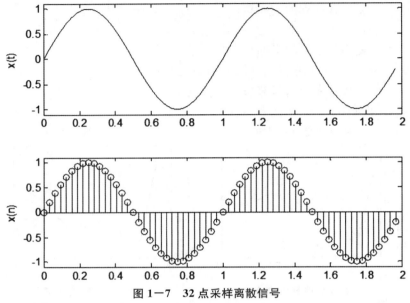

图 1－7　32 点采样离散信号

6）矩形波序列

MATLAB 提供有专门函数 square 用于产生矩形波。其调用格式如下：

x＝square(t)：类似于 sin(t)，产生周期为 2π、幅值为 ±1 的方波。

x＝square(t，duty)：产生指定周期的矩形波，其中 duty 用于指定占空比。

将 square 的参数 t 换成 n，且 n 取整数，则可以获得矩形序列。

例 1－10　一个周期性矩形信号频率为 5 kHz，信号幅度在 0～2 V 之间，占空比为 0.25。编写程序生成该信号，要求在图形窗口上显示 2 个周期的信号波形，对信号的一个周期进行 16 点采样获得离散信号。

```
f=5000;nt=2;N=16;T=1/f;
dt=T/N;n=0:nt*N-1;tn=n*dt;
x=square(2*f*pi*tn,25)+1;
subplot(2,1,1);plot(tn,x);
axis([0,nt*T,1.1*min(x),1.1*max(x)]);
ylabel('x(t)');subplot(2,1,2);stem(tn,x);
axis([0,nt*T,1.1*min(x),1.1*max(x)]);ylabel('x(n)');box
```

程序运行结果如图 1－8 所示。

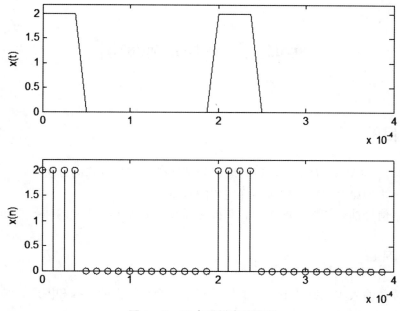

图 1—8　16 点采样离散信号

五、思考题

（1）产生单位脉冲序列和单位阶跃序列各有几种方法？如何使用？

（2）通过例题程序，你发现采样频率 F_s、采样点数 N、采样时间间隔 $\mathrm{d}t$ 在程序编写中有怎样的联系？使用时需注意什么问题？

实训二　采样定理实训

一、实训目的

(1) 了解用 MATLAB 语言进行时域、频域抽样及信号重建的方法。

(2) 进一步加深对时域、频域抽样定理的基本原理的理解。

(3) 观察信号抽样与恢复的图形，掌握采样频率的确定方法和内插公式的编程方法。

二、实训内容

(1) 阅读并输入实训原理中介绍的例题程序，观察输出的数据和图形，结合基本原理理解每一条语句的含义。

(2) 已知一个连续时间信号 $f(t) = \text{sinc}(t)$，取最高有限带宽频率 $f_m = 1$ Hz。

①分别显示原连续信号波形和 $F_s = f_m$、$F_s = 2f_m$、$F_s = 3f_m$ 三种情况下抽样信号的波形。

②求解原连续信号和抽样信号的幅度谱。

③用时域卷积的方法（内插公式）重建信号。

(3) 已知一个时间序列的频谱为：

$$X(e^{j\omega}) = \sum_{n=-\infty}^{\infty} x(n) e^{-j\omega n} = 2 + 4e^{-j\omega} + 6e^{-j2\omega} + 4e^{-j3\omega} + 2e^{-j4\omega},$$

分别取频域抽样点数 N 为 3、5 和 10，用 IFFT 计算并求出其时间序列 $x(n)$，绘图显示其时间序列。由此讨论由频域抽样不失真地恢复原时域信号的条件。

(4) 已知一个频率范围在 $[-6.28, 6.28]$ rad/s 的频谱，在模拟频率 $|\Omega_c| = 3.14$ 处幅度为 1，其他范围内幅度为 0。计算其连续信号 $x_a(t)$，并绘图显示信号曲线。

三、实训仪器和设备

计算机，MATLAB 软件。

四、实训原理及步骤

1. 时域抽样与信号的重建

1）对连续信号进行采样

　已知一个连续时间信号 $f(t)=\sin(2\pi f_0 t)+\dfrac{1}{3}\sin(6\pi f_0 t)$，$f_0=1$ Hz，取最高有限带宽频率 $f_m=5f_0$，分别显示原连续时间信号波形和 $F_s>2f_m$、$F_s=2f_m$、$F_s<2f_m$ 三种情况下抽样信号的波形。

程序清单如下：

```
% 分别取 Fs=fm,Fs=2fm,Fs=3fm 来研究问题
dt=0.1;f0=1;fm=5*f0;
T0=1/f0;m=5*f0;Tm=1/fm;
t=-2:dt:2;
f=sin(2*pi*f0*t)+1/3*sin(6*pi*f0*t);
subplot(4,1,1);
plot(t,f);
axis([min(t),max(t),1.1*min(f),1.1*max(f)]);
title('原连续信号和抽样信号');
for i=1:3;
    fs=i*fm;Ts=1/fs;
    n=-2:Ts:2;
    f=sin(2*pi*f0*n)+1/3*sin(6*pi*f0*n);
    subplot(4,1,i+1);stem(n,f,'filled');
    axis([min(n),max(n),1.1*min(f),1.1*max(f)]);
end
```

程序运行结果如图 2－1 所示。

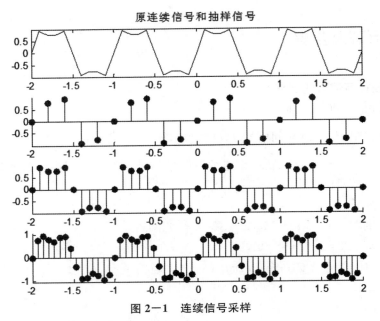

图 2—1　连续信号采样

2）连续信号和抽样信号的频谱

由理论分析可知，信号的频谱图可以很直观地反映出抽样信号能否恢复原模拟信号。因此，我们对上述三种情况下的时域信号求幅度谱，来进一步分析和验证时域抽样定理。

例 2—2　编程求解例 2—1 中连续信号及其三种抽样频率（$F_s > 2f_m$、$F_s = 2f_m$、$F_s < 2f_m$）下的抽样信号的幅度谱。

程序清单如下：

```
dt=0.1;f0=1;T0=1/f0;fm=5*f0;Tm=1/fm;
t=-2:dt:2;N=length(t);
f=sin(2*pi*f0*t)+1/3*sin(6*pi*f0*t);
wm=2*pi*fm;k=0:N-1;w1=k*wm/N;
F1=f*exp(-j*t'*w1)*dt;subplot(4,1,1);plot(w1/(2*pi),abs(F1));
axis([0,max(4*fm),1.1*min(abs(F1)),1.1*max(abs(F1))]);
for i=1:3;
    if i<=2 c=0;else c=1;end
    fs=(i+c)*fm;Ts=1/fs;
    n=-2:Ts:2;N=length(n);
    f=sin(2*pi*f0*n)+1/3*sin(6*pi*f0*n);
    wm=2*pi*fs;k=0:N-1;
    w=k*wm/N;F=f*exp(-j*n'*w)*Ts;
```

```
        subplot(4,1,i+1);plot(w/(2*pi),abs(F));
        axis([0,max(4*fm),1.1*min(abs(F)),1.1*max(abs(F))]);
    end
```

　　程序运行结果如图 2—2 所示。由图可见，当满足 $F_s \geqslant 2f_m$ 条件时，抽样信号的频谱没有混叠现象；当不满足 $F_s \geqslant 2f_m$ 条件时，抽样信号的频谱发生了混叠，即图 2—2 的第二行 $F_s < 2f_m$ 的频谱图，在 $f_m = 5f_0$ 的范围内，频谱出现了镜像对称的部分。

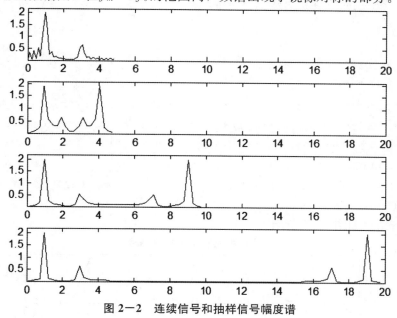

图 2—2　连续信号和抽样信号幅度谱

　　3）由内插公式重建信号

　　信号重建一般采用两种方法：一是用时域信号与理想滤波器系统的单位冲激响应进行卷积积分，二是用低通滤波器对信号进行滤波。本实训只讨论第一种方法。

　　由理论分析可知，理想低通滤波器的单位冲激响应为：

$$h(t) = \frac{1}{2\pi} \int_{-\infty}^{\infty} H(j\Omega) e^{j\Omega t} \mathrm{d}\Omega = \frac{\sin(\pi t/T)}{\pi t/T}。$$

抽样信号 $\hat{x}_a(t)$ 通过滤波器输出，其结果应为 $\hat{x}_a(t)$ 与 $h(t)$ 的卷积积分：

$$y_a(t) = x_a(t) = \hat{x}_a(t) * h(t) = \int_{-\infty}^{\infty} \hat{x}_a(\tau)h(t-\tau)\mathrm{d}\tau = \sum_{n=-\infty}^{\infty} x_a(nT) \frac{\sin[\pi(t-nT)/T]}{\pi(t-nT)/T}。$$

该式称为内插公式。由该式可见，$x_a(t)$ 信号可以由其抽样值 $x_a(nT)$ 及内插函数重构。MATLAB 中提供了 sinc 函数，可以很方便地使用内插公式。

例 2—3 用上面推导出的内插公式重建例 2—1 给定的信号。

程序清单如下：

```
dt=0.01;f0=1;T0=1/f0;fm=5*f0;Tm=1/fm;
t=0:dt:3*T0;x=sin(2*pi*f0*t)+1/3*sin(6*pi*f0*t);
subplot(4,1,1);plot(t,x);axis([min(t),max(t),1.1*min(x),1.1*max(x)]);
title('用时域卷积重建抽样信号');
for i=1:3;
    fs=i*fm;Ts=1/fs;
    n=0:(3*T0)/Ts;
    t1=0:Ts:3*T0;
    x1=sin(2*pi*f0*n/fs)+1/3*sin(6*pi*f0*n/fs);
    T_N=ones(length(n),1)*t1-n'*Ts*ones(1,length(t1));
    xa=x1*sinc(fs*pi*T_N);
    subplot(4,1,i+1);plot(t1,xa);
    axis([min(t1),max(t1),1.1*min(xa),1.1*max(xa)]);
end
```

程序运行结果如图 2—3 所示。

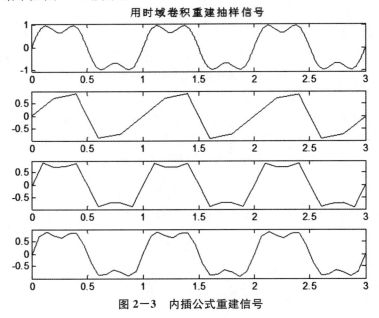

图 2—3 内插公式重建信号

2. 频域抽样与信号恢复

1) 频域抽样定理

从理论学习可知，在单位圆上对任意序列的 z 变换等间隔采样 N 点得到：

$$X(k)=X(z)\big|_{z=e^{j\frac{2\pi}{N}k}}=\sum_{n=-\infty}^{\infty} x(n)e^{j\frac{2\pi}{N}nk}\quad(k=0,1,\cdots,N-1)。$$

该式实现了序列在频域的抽样。

那么由频域的抽样得到的频谱的序列能否不失真地恢复原时域信号呢？

由理论学习又知，频域抽样定理由下列公式表述：

$$\tilde{x}(n)=\sum_{r=-\infty}^{\infty} x(n+rN)。$$

这表明，对一个频谱采样后，经 IDFT 生成的周期序列 $\tilde{x}(n)$ 是原非周期序列 $x(n)$ 的周期延拓序列，其时域周期等于频域抽样点数 N。

假定有限长序列 $x(n)$ 的长度为 M，频域抽样点数为 N，原时域信号不失真地由频域抽样恢复的条件如下：

（1）如果 $x(n)$ 不是有限长序列，则必然造成混叠现象，产生误差。

（2）如果 $x(n)$ 是有限长序列，且频域抽样点数 N 小于序列长度 M（即 $N<M$），则 $x(n)$ 以 N 为周期进行延拓也将造成混叠，从 $\tilde{x}(n)$ 中不能无失真地恢复出原信号 $x(n)$。

（3）如果 $x(n)$ 是有限长序列，且频域抽样点数 N 大于或等于序列长度 M（即 $N\geqslant M$），则从 $\tilde{x}(n)$ 中能无失真地恢复出原信号 $x(n)$，即

$$x_N(n)=\tilde{x}_N(n)R_N(n)=\sum_{r=-\infty}^{\infty} x(n+rN)R_N(n)=x(n)。$$

2) 从频谱抽样恢复离散时间序列

例 2—4　已知一个时间序列的频谱为：

$$X(e^{j\omega})=\sum_{n=-\infty}^{\infty} x(n)e^{-j\omega n}=3+2e^{-j\omega}+e^{-j2\omega}+2e^{-j3\omega}+3e^{-j4\omega}。$$

用 IFFT 计算并求出其时间序列 $x(n)$，并绘图显示时间序列。

分析：该题使用了数字频率，没有给出采样周期，则默认 $T_s=1$ s，另外，从 $X(e^{j\omega})$ 的解析式可以直接看出时域序列 $x(n)=[3，2，1，2，3]$。但为说明问题，仍编写程序求解如下：

```
Ts=1;N0=[3,5,10];
for r=1:3;
    N=N0(r);
    D=2*pi/(Ts*N);
    kn=floor(-(N-1)/2:-1/2);
    kp=floor(0:(N-1)/2);
    w=[kp,kn]*D;
```

```
        X= 3+2* exp(-j* w)+1* exp(-j* 2* w)+2* exp(-j* 3* w)+3* exp(-j*
    4* w);
        n= 0:N- 1;
        x= ifft(X,N)
        subplot(1,3,r);stem(n* Ts,abs(x));
        box
    end
```

程序运行结果如图 2—4 所示。

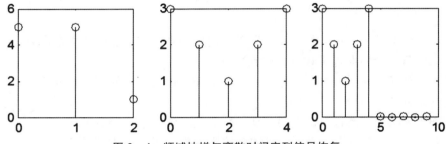

图 2—4　频域抽样与离散时间序列信号恢复

注意：程序中数字频率的排序进行了处理，这是因为 $X(e^{j\omega})$ 的排列顺序是从 0 开始，而不是从 $-(N-1)/2$ 开始。

程序运行后将显示数据：

```
    x= 5.0000     5.0000      1.0000
    x= 3.0000     2.0000      1.0000      2.0000      3.0000
    x= 3.0000 - 0.0000i   2.0000 + 0.0000i   1.0000 - 0.0000i   2.0000 + 0.0000i
        3.0000 - 0.0000   - 0.0000 + 0.0000i   0 - 0.0000i   - 0.0000 + 0.0000i
        0.0000 - 0.0000i - 0.0000 + 0.0000i
```

由 $X(e^{j\omega})$ 的频谱表达式可知，有限长时间序列 $x(n)$ 的长度 $M=5$。现分别取频域抽样点数为 $N=3$，5，10，由图 2—4 显示的结果可以验证：

①当 $N=5$ 和 $N=10$ 时，$N \geqslant M$，能够不失真地恢复出原信号 $x(n)$。

②当 $N=3$ 时，$N<M$，时间序列有泄漏，形成了混叠，不能无失真地恢复出原信号 $x(n)$。混叠的原因是上一周期的后两点与本周期的前两点发生重叠，如下所示：

$$3 \quad 2 \quad 1 \mid 2 \quad 3 \mid$$
$$3 \quad 2 \quad 1 \mid 2 \quad 3$$

例 2—5　已知一个频率范围在 $[-62.8，62.8]$rad/s 间的频谱 $X(j\Omega)=\dfrac{\sin0.275\Omega}{\sin0.025\Omega}$，用 IFFT 计算并求出时间序列 $x(n)$，用图形显示时间序列。

分析：本题给出了模拟频率 Ω，其中 $\Omega_m=62.8$，需将其归一化为数字频率。根据奈奈斯特定理可知，$(1/T_s) = F_s \geqslant (2\Omega_m / 2\pi)$，可以推导出 $T_s \leqslant (\pi / \Omega_m)$，取 $T_s = 0.05 \text{ s}$，即采样频率 F_s 为 20 Hz 或 40π。

程序清单如下：

```
wm=62.8;Ts=pi/wm;
N0=[8,20];
for r=1:2
    N=N0(r);
    D=2*pi/(Ts*N);
    k=[0:N-1]+eps;
    omg=k*D;
    X=sin(0.275*omg)./sin(0.025*omg);
    n=0:N-1;
    x=abs(ifft(X,N));
    subplot(1,2,r);stem(n*Ts,abs(x));
    box
end
```

程序运行结果如图 2—5 所示。

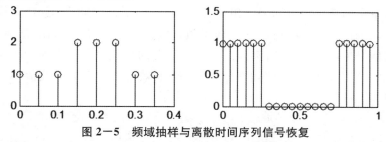

图 2—5   频域抽样与离散时间序列信号恢复

由 $N = 20$ 的结果可知，时间序列 $x(n)$ 是一个矩形窗。根据 DFT 的循环移位性质可知，非零数据存在于 $n = -5:5$ 的区域，有限长序列的长度为 11。而 $N = 8$ 小于有限长序列的长度，其结果发生了混叠，不能无失真地恢复出原信号 $x(n)$。

3. 从频谱恢复连续时间信号

实际应用中，离散信号往往来源于对连续信号的采样。因此，这里要讨论从频谱如何计算连续时间信号。

从本质上讲，计算机处理的都是离散信号。当使用计算机处理连续信号时，实际上是用采样周期极小的序列信号来近似为连续信号。因此在处理时，原来对于离散序列处理的理论依然有效。

（1）选择一个符合奈奎斯特定理的很小的采样周期 T，将主要的模拟频谱限制在奈奎斯特频率范围内，$X_a(\Omega) = 0$，当 $|\Omega| \geqslant \pi/T$。

(2) 在 $[-\pi/T, \pi/T]$ 的频率区间取 N 个频率点 Ω_k，求出对应的数字频谱：

$$X(\Omega_k) = \frac{X_a(\Omega_k)}{T}。$$

(3) 对 $X(\Omega_k)$ 作 IDFT，求 $x_a(t)$。假定没有发生时间混叠，则

$$x_a(t)\big|_{t=nT} \approx x(n) = \text{IDFT}\left[\frac{X_a(\Omega_k)}{T}\right]。$$

(4) 作图。用 plot 自动进行插值，获得连续信号。

例 2－6　已知图 2－6 所示的理想低通滤波器的模拟频率 $\Omega_c = 3$，在 $|\Omega| \leqslant \Omega_c$ 范围内幅度为 1，$|\Omega| > \Omega_c$ 时幅度为 0。要求计算连续脉冲响应 $x_a(t)$。

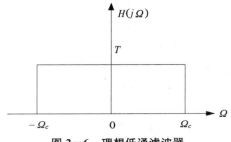

图 2－6　理想低通滤波器

分析：由奈奎斯特定理可知采样频率 $\Omega_s \geqslant 2\Omega_c$，即采样周期 $T_s \leqslant \pi\Omega_c$，恢复原信号时不会发生混叠。选得再小一些可以增加样点数，因此可以选 $T_s = 0.1\pi/\Omega_c = 0.1047$ s。同时，为使时间信号尽量接近连续信号，需提高 N 点的个数。可以由模拟频率的分辨率公式推导：$D = 2\pi/NT_s \leqslant 0.1\Omega_c$，使频率分辨率小于有效带宽的 $1/10$，得到 $N \geqslant 20\pi/\Omega_c T_s$。

程序清单如下：

```
wc= 3;Tmax= 0.1* pi/wc;
Ts= input('(Ts< Tmax)Ts= ');
Nmin= 20* pi/wc/Ts;
N= input('(N> Nmin)N= ');
D= 2* pi/(Ts* N);
M= floor(wc/D);
Xa=[ones(1,M+1),zeros(1,N-2* M-1),ones(1,M)];
n=-(N-1)/2:(N-1)/2;
xa= abs(fftshift(ifft(Xa/Ts)));
plot(n* Ts,xa);
```

程序执行过程中，在 MATLAB 命令窗口将给出提示：输入 T_s 和 N 的值，再给出绘图结果。图 2－7 是分别输入 $T_s = 0.1$ s，$N = 300$ 和 $T_s = 0.1$ s，$N = 1000$ 两组数据的运行结果。

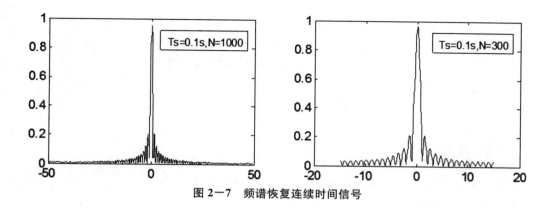

图 2—7　频谱恢复连续时间信号

五、思考题

（1）什么是内插公式？在 MATLAB 中内插公式可用什么函数来编写？

（2）从频域抽样序列不失真地恢复离散时域信号的条件是什么？

（3）试归纳用 IFFT 数值计算方法从频谱恢复离散时间序列的方法和步骤。

（4）从频谱恢复连续时间信号与恢复离散时间序列有何不同？

实训三　z 映射变换实训

一、实训目的

（1）加深对离散系统变换域分析——z 变换的理解，掌握使用 MATLAB 进行 z 变换和逆 z 变换的常用函数的用法。

（2）了解离散系统的零极点与系统因果性和稳定性的关系，熟悉使用 MATLAB 进行离散系统的零极点分析的常用函数的用法。

（3）加深对离散系统的频率响应特性基本概念的理解，掌握使用 MATLAB 进行离散系统幅频响应和相频响应特性分析的常用方法。

二、实训内容

（1）阅读并输入实训原理中介绍的例题程序，观察输出的数据和图形，结合基本原理理解每一条语句的含义。

（2）求下列各序列的 z 变换：

① $x_1(n) = na^n$；　② $x_2(n) = \sin(\omega_0 n)$；　③ $x_3(n) = \mathrm{e}^{-an}\sin(\omega_0 n)$。

（3）求下列函数的逆 z 变换：

① $X_1(z) = \dfrac{z}{z-a}$；　② $X_2(z) = \dfrac{z}{(z-a)^2}$；　③ $X_3(z) = \dfrac{z}{z-\mathrm{e}^{j\omega_0}}$；　④ $X_4(z) = \dfrac{1-z^{-3}}{1-z^{-1}}$。

（4）求下列系统函数所描述的离散系统的零极点分布图，并判断系统的稳定性：

① $H(z) = \dfrac{z(z-0.3)}{(z+1-j)(z+1+j)}$；

② $H(z) = \dfrac{4-1.6z^{-1}-1.6z^{-2}+4z^{-3}}{1+0.4z^{-1}+0.35z^{-2}-0.4z^{-3}}$。

（5）已知某离散时间系统的系统函数为：

$$H(z) = \frac{0.187632 - 0.241242z^{-2} + 0.241242z^{-4} - 0.187632z^{-6}}{1 + 0.602012z^{-2} + 0.495684z^{-4} + 0.035924z^{-6}}。$$

求该系统在 $0 \sim \pi$ 频率范围内的绝对幅频响应与相频响应、相对幅频响应与相频响应及群时延。

三、实训仪器和设备

计算机，MATLAB 软件。

四、实训原理及步骤

1. z 变换和逆 z 变换

1）用 ztrans 函数求无限长序列的 z 变换

该函数只给出 z 变换的表达式，没有给出收敛域。另外，由于这一函数还不尽完善，有的序列的 z 变换还不能求出，逆 z 变换也存在同样的问题。

例 3—1　编写程序求以下各序列的 z 变换：

$x_1(n) = a^n$；　$x_2(n) = n$；　$x_3(n) = n(n-1)/2$；　$x_4(n) = e^{j\omega_0 n}$；　$x_5(n) = 1/[n(n-1)]$。

程序清单如下：

```
syms w0 n z a;
x1=a^n;X1=ztrans(x1);
x2=n;X2=ztrans(x2);
x3=(n*(n-1))/2;X3=ztrans(x3);
x4=exp(j*w0*n);X4=ztrans(x4);
x5=1/(n*(n-1));X5=ztrans(x5)
```

程序运行结果如下：

```
X1=z/a/(z/a-1)
X2=z/(z-1)^2
X3=1/2*z*(z+1)/(z-1)^3-1/2*z/(z-1)^2
X4=z/exp(i*w0)/(z/exp(i*w0)-1)
X5=z/(z-1)-ztrans(1/n,n,z)
```

2）用 iztrans 函数求无限长序列的逆 z 变换

例 3—2　编写程序求下列函数的逆 z 变换。

$$X_1(z) = \frac{z}{z-1}；　X_2(z) = \frac{az}{(a-z)^2}；　X_3(z) = \frac{z}{(z-1)^3}；　X_4(z) = \frac{1-z^{-n}}{1-z^{-1}}。$$

程序清单如下：

```
syms  n z a;
X1=z/(z-1);x1=iztrans(X1);
X2=a* z/(a-z)^2;x2=iztrans(X2);
X3=z/(z-1)^3;x3=iztrans(X3)
X4=(1-z^(-n))/(1-z^(-1));x4=iztrans(X4)
```

程序运行结果如下：

```
x1=1
x2=a^n* n
x3=1/2* n^2-1/2* n
x4=iztrans((1-z^(-n))/(1-1/z),z,n)
```

2. 离散系统的零极点分析（系统极点位置对系统响应的影响）

例 3—3　研究 z 右半平面的实数极点对系统的影响。

已知系统的零极点增益模型分别为：

$$H_1(z)=\frac{z}{z-0.85}, \quad H_2(z)=\frac{z}{z-1}, \quad H_3(z)=\frac{z}{z-1.5}。$$

求这些系统的零极点分布图以及系统的单位序列响应，判断系统的稳定性。

程序清单如下：

```
z1=[0]';p1=[0.85]';k=1;
[b1,a1]=zp2tf(z1,p1,k);
subplot(3,2,1);zplane(z1,p1);
title('极点在单位圆内');
subplot(3,2,2);impz(b1,a1,20);
z2=[0]';p2=[1]';
[b2,a2]=zp2tf(z2,p2,k);
subplot(3,2,3);zplane(z2,p2);
title('极点在单位圆上');
subplot(3,2,4);impz(b2,a2,20);
z3=[0]';p3=[1.5]';
[b3,a3]=zp2tf(z3,p3,k);
subplot(3,2,5);zplane(z3,p3);
title('极点在单位圆外');
subplot(3,2,6);impz(b3,a3,20);
```

程序运行结果如图 3—1 所示。由图可见，这三个系统的极点均为实数且处于 z 平面的右半平面。由图可知，当极点位于单位圆内，系统的单位序列响应随着频率的增大而收敛；当极点位于单位圆上，系统的单位序列响应为等幅振荡；当极点位于单位圆外，系统的单位序列响应随着频率的增大而发散。由此可知系统 1、2 为稳定系统。

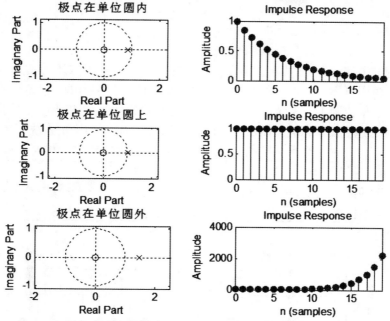

图 3—1　离散系统的零极点分布及单位序列响应（1）

 研究 z 左半平面的实数极点对系统的影响。

已知系统的零极点增益模型分别为：

$$H_1(z)=\frac{z}{z+0.85}, \quad H_2(z)=\frac{z}{z+1}, \quad H_3(z)=\frac{z}{z+1.5}。$$

求这些系统的零极点分布图以及系统的单位序列响应，判断系统的稳定性。

程序清单如下：

```
z1=[0]';p1=[-0.85]';k=1;
[b1,a1]=zp2tf(z1,p1,k);
subplot(3,2,1);zplane(z1,p1);
title('极点在单位圆内');
subplot(3,2,2);impz(b1,a1,20);
z2=[0]';p2=[-1]';
[b2,a2]=zp2tf(z2,p2,k);
subplot(3,2,3);zplane(z2,p2);
title('极点在单位圆上');
subplot(3,2,4);impz(b2,a2,20);
```

```
z3=[0]';p3=[-1.5]';
[b3,a3]=zp2tf(z3,p3,k);
subplot(3,2,5);zplane(z3,p3);
title('极点在单位圆外');
subplot(3,2,6);impz(b3,a3,20);
```

　　程序运行结果如图 3—2 所示。由图可见，这三个系统的极点均为实数且处于 z 平面的左半平面。由图可知，当极点位于单位圆内，系统的单位序列响应随着频率的增大而收敛；当极点位于单位圆上，系统的单位序列响应为等幅振荡；当极点位于单位圆外，系统的单位序列响应随着频率的增大而发散。由此可知系统 1、2 为稳定系统。

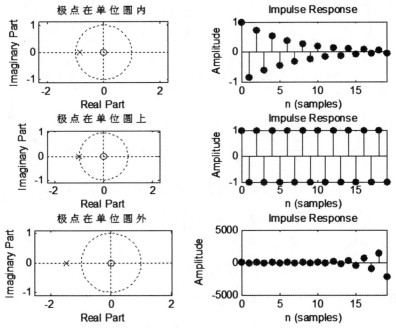

图 3—2　离散系统的零极点分布及单位序列响应（2）

例 3—5　　研究 z 右半平面的复数极点对系统响应的影响。

　　已知系统的零极点增益模型分别为：

$$H_1(z)=\frac{z(z-0.3)}{(z-0.5-0.7j)(z-0.5+0.7j)},$$

$$H_2(z)=\frac{z(z-0.3)}{(z-0.6-0.8j)(z-0.6+0.8j)},$$

$$H_3(z)=\frac{z(z-0.3)}{(z-1-j)(z-1+j)}。$$

求这些系统的零极点分布图以及系统的单位序列响应，判断系统的稳定性。

程序清单如下：

```
z1=[0.3,0]';p1=[0.5+ 0.7j,0.5- 0.7j]';k=1;
[b1,a1]=zp2tf(z1,p1,k);
subplot(3,2,1);zplane(z1,p1);
title('极点在单位圆内');
subplot(3,2,2);impz(b1,a1,20);
z2=[0.3,0]';p2=[0.6+ 0.8j,0.6- 0.8j]';
[b2,a2]=zp2tf(z2,p2,k);
subplot(3,2,3);zplane(z2,p2);
title('极点在单位圆上');
subplot(3,2,4);impz(b2,a2,20);
z3=[0.3,0]';p3=[1+j,1-j]';
[b3,a3]=zp2tf(z3,p3,k);
subplot(3,2,5);zplane(z3,p3);
title('极点在单位圆外');
subplot(3,2,6);impz(b3,a3,20);
```

程序运行结果如图 3—3 所示。由图可见，这三个系统的极点均为复数且处于 *z* 平面的右半平面。由图可知，当极点位于单位圆内，系统的单位序列响应随着频率的增大而收敛；当极点位于单位圆上，系统的单位序列响应为等幅振荡；当极点位于单位圆外，系统的单位序列响应随着频率的增大而发散。由此可知系统 1、2 为稳定系统。

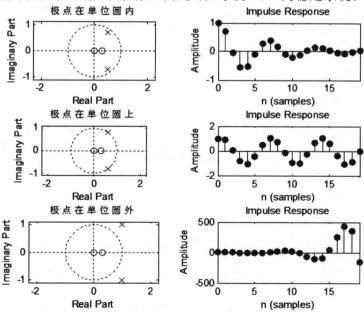

图 3—3 离散系统的零极点分布及单位序列响应（3）

由以上三例可得结论：系统只有在极点处于单位圆内才是稳定的。

例 3—6　已知某离散时间系统的系统函数为：

$$H(z)=\frac{0.2+0.1z^{-1}+0.3z^{-2}+0.1z^{-3}+0.2z^{-4}}{1-1.1z^{-1}+1.5z^{-2}-0.7z^{-3}+0.3z^{-4}}。$$

求该系统的零极点及零极点分布图，并判断系统的因果稳定性。

程序清单如下：

```
b=[0.2,0.1,0.3,0.1,0.2];a=[1,-1.1,1.5,-0.7,0.3];
rz=roots(b)
rp=roots(a)
subplot(2,1,1);zplane(b,a);title('系统的零极点分布图');
subplot(2,1,2);impz(b,a,20);title('系统的单位序列响应');
xlabel('n');ylabel('h(n)');
```

程序运行结果如下：

```
rz=
    -0.5000+0.8660i    -0.5000-0.8660i
     0.2500+0.9682i     0.2500-0.9682i
rp=
     0.2367+0.8915i     0.2367-0.8915i
     0.3133+0.5045i     0.3133-0.5045i
```

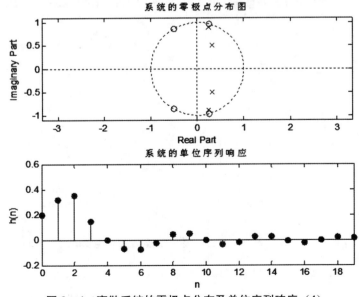

图 3—4　离散系统的零极点分布及单位序列响应（4）

由零极点分布图（图 3—4）可见，该系统的所有极点均在单位圆内，因此该系统是一个因果稳定系统。

3. 离散系统的频率响应

1）离散系统的频率响应的基本概念

已知稳定系统传递函数的零极点增益模型为：

$$H(z)=K\frac{\prod\limits_{m=1}^{M}(z-c_m)}{\prod\limits_{n=1}^{N}(z-d_n)},$$

则系统的频响函数

$$H(\mathrm{e}^{j\omega})=\mathrm{H}(z)\Big|_{z=\mathrm{e}^{j\omega}}=K\frac{\prod\limits_{m=1}^{M}(\mathrm{e}^{j\omega}-c_m)}{\prod\limits_{n=1}^{N}(\mathrm{e}^{j\omega}-d_n)}=K\frac{\prod\limits_{m=1}^{M}C_m\mathrm{e}^{j\alpha_m}}{\prod\limits_{n=1}^{N}D_n\mathrm{e}^{j\beta_n}}=\mid H(\mathrm{e}^{j\omega})\mid\mathrm{e}^{j\varphi(\omega)}.$$

其中，系统的幅频特性为：

$$\mid H(\mathrm{e}^{j\omega})\mid=K\frac{\prod\limits_{m=1}^{M}C_m}{\prod\limits_{n=1}^{N}D_n};$$

系统的相频特性为：

$$\varphi(\omega)=\sum_{m=1}^{M}\alpha_m-\sum_{n=1}^{N}\beta_n+\omega(N-M).$$

由以上各式可见，系统函数与频率响应有着密切的联系。适当地控制系统函数的零极点分布，可以改变离散系统的频响特性：

（1）在原点（$z=0$）处的零点或极点至单位圆的距离始终保持不变，其值 $\mid\mathrm{e}^{j\omega}\mid=1$，所以，对幅度响应不起作用；

（2）单位圆附近的零点对系统幅度响应的谷值位置及深度有明显影响；

（3）单位圆内且靠近单位圆附近的极点对系统幅度的峰值位置及大小有明显的影响。

2）系统的频响特性分析

 已知某离散时间系统的系统函数为：

$$H(z)=\frac{0.1321-0.3963z^{-2}+0.3963z^{-4}-0.1321z^{-6}}{1+0.34319z^{-2}+0.60439z^{-4}+0.20407z^{-6}}.$$

求该系统在 $0\sim\pi$ 频率范围内的相对幅频响应与相频响应。

程序清单如下：

```
b=[0.1321,0,-0.3963,0,0.3963,0,-0.1321];
a=[1,0,0.34319,0,0.60439,0,0.20407];
freqz(b,a);
```

程序运行结果如图3-5所示。该系统是一个 IIR 数字带通滤波器。其中幅频特性采用归一化的相对幅度值，以分贝（dB）为单位。

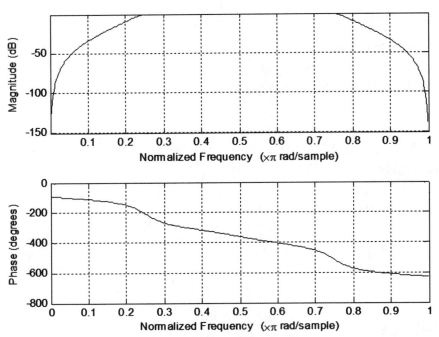

图 3—5　离散时间系统相对幅频响应与相频响应

 已知某离散时间系统的系统函数为：

$$H(z)=\frac{0.2+0.1z^{-1}+0.3z^{-2}+0.1z^{-3}+0.2z^{-4}}{1-1.1z^{-1}+1.5z^{-2}-0.7z^{-3}+0.3z^{-4}}。$$

求该系统在 $0\sim\pi$ 频率范围内的绝对幅频响应与相频响应。

程序清单如下：

```
b=[0.2,0.1,0.3,0.1,0.2];a=[1,-1.1,1.5,-0.7,0.3];
n=(0:500)*pi/500;
[h,w]=freqz(b,a,n);
subplot(2,1,1);plot(n/pi,abs(h));grid;
axis([0,1,1.1*min(abs(h)),1.1*max(abs(h))]);
xlabel('\omega/\pi');ylabel('幅度');
subplot(2,1,2);plot(n/pi,angle(h));grid;
axis([0,1,1.1*min(angle(h)),1.1*max(angle(h))]);
xlabel('\omega/\pi');ylabel('相位');
```

程序运行结果如图 3—6 所示。该系统为一低通滤波器。

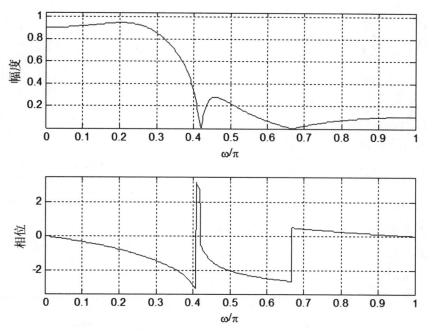

图3—6 离散时间系统绝对幅频响应与相频响应

 已知某离散时间系统的系统函数为：

$$H(z)=\frac{0.1-0.4z^{-1}+0.4z^{-2}-0.1z^{-3}}{1+0.3z^{-1}+0.55z^{-2}+0.2z^{-3}}。$$

求该系统在 $0\sim\pi$ 频率范围内的绝对幅频响应与相频响应、相对幅频响应与相频响应及零极点分布图。

程序清单如下：

```
b=[0.1,-0.4,0.4,-0.1];
a=[1,0.3,0.55,0.2];
n=(0:500)*pi/500;
[h,w]=freqz(b,a,n);
dB=20*log10(abs(h));
subplot(2,2,1);plot(w/pi,abs(h));grid;
axis([0,1,1.1*min(abs(h)),1.1*max(abs(h))]);
title('幅频特性(V)');
xlabel('\omega/\pi');ylabel('幅度(V)');
subplot(2,2,2);plot(w/pi,angle(h));grid;
axis([0,1,1.1*min(angle(h)),1.1*max(angle(h))]);
xlabel('\omega/\pi');ylabel('相位');
```

```
title('相频特性');
subplot(2,2,3);plot(w/pi,dB);grid
axis([0,1,-100,5]);
title('幅频特性(dB)');
subplot(2,2,4);zplane(b,a);
title('零极点分布');
```

程序运行结果如图 3－7 所示。

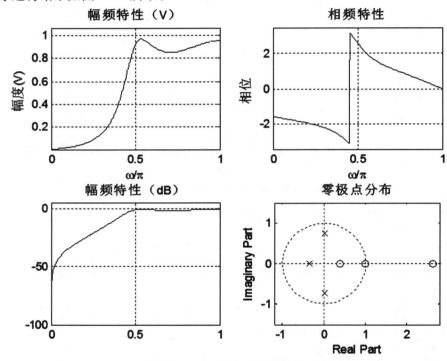

图 3－7　离散时间系统幅频响应与相频响应及零极点分布

3）一个求解频率响应的实用函数

在实际使用 freqz 进行离散系统频响特性分析时。通常需要求解幅频响应、相频响应、群时延，幅频响应又分为绝对幅频和相对幅频两种表示方法。下面定义函数 freqz＿m，利用该函数，可方便求出上述各项。freqz＿m 函数定义如下：

```
function[dB,mag,pha,grd,w]=freqz_m(b,a);
[H,w]=freqz(b,a,1000,'whole');
H=(H(1:501))';w=(w(1:501))';
mag=abs(H);
dB=20* log10((mag+ eps)/max(mag));
```

```
pha=angle(H);
grd=grpdelay(b,a,w);
```

 例 3-10 已知某离散时间系统的系统函数为：

$$H(z)=\frac{0.1321+0.3963z^{-2}+0.3963z^{-4}+0.1321z^{-6}}{1-0.34319z^{-2}+0.60439z^{-4}-0.20407z^{-6}}。$$

求该系统在 0~π 频率范围内的绝对幅频响应与相频响应、相对幅频响应与相频响应及群时延。

程序清单如下：

```
b=[0.1321,0,0.3963,0,0.3963,0,0.1321];
a=[1,0,-0.34319,0,0.60439,0,-0.20407];
[dB,mag,pha,grd,w]=freqz_m(b,a);
subplot(2,2,1);plot(w/pi,mag);grid
axis([0,1,1.1*min(mag),1.1*max(mag)]);
title('幅频特性(V)');
xlabel('\omega/\pi');ylabel('幅度(V)');
subplot(2,2,2);plot(w/pi,pha);grid;
axis([0,1,1.1*min(pha),1.1*max(pha)]);
xlabel('\omega/\pi');ylabel('相位');
title('相频特性');
subplot(2,2,3);plot(w/pi,dB);grid
axis([0,1,-100,5]);
title('幅频特性(dB)');
subplot(2,2,4);plot(w/pi,grd);grid
axis([0,1,0,10]);title('群时延');
```

程序运行结果如图 3-8 所示。

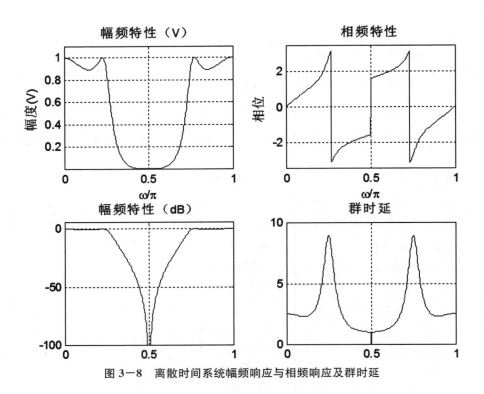

图3—8 离散时间系统幅频响应与相频响应及群时延

五、思考题

（1）系统函数零极点的位置与系统单位序列响应有何关系？

（2）离散系统的零极点对系统幅频响应有何影响？

（3）试归纳用 IFFT 数值计算方法从频谱恢复离散时间序列的方法和步骤。

（4）从频谱恢复连续时间信号与恢复离散时间序列有何不同？

实训四　离散傅里叶变换（DFT）应用实训

一、实训目的

（1）加深对周期序列 DFS、有限长序列 DFT 的基本概念及理论的理解。

（2）掌握用 MATLAB 语言求解 DFS、DFT 以及相应反变换的方法。

（3）观察周期序列的重复周期数对序列频谱特性的影响。

二、实训内容

（1）阅读并输入实训原理中介绍的例题程序，观察输出的数据和图形，结合基本原理理解每一条语句的含义。

（2）已知某周期序列的主值序列为 $x(n) = [0, 1, 2, 3, 2, 1, 0]$，编程显示 2 个周期的序列波形。要求：

①用傅里叶级数求信号的幅度谱和相位谱，并画出图形；

②求傅里叶级数逆变换的图形，并与原序列进行比较。

（3）已知有限长序列 $x(n) = [1, 0.5, 0, 0.5, 1, 1, 0.5, 0]$，求该序列的 DFT、IDFT 的图形。

三、实训仪器和设备

计算机，MATLAB 软件。

四、实训原理及步骤

1. 周期序列的离散傅里叶级数（DFS）

1）DFS 的基本概念

离散时间序列 $x(n)$ 满足 $x(n) = x(n+rN)$，称为离散周期序列，用 $\tilde{x}(n)$ 表示。其中，N 为信号的周期，$x(n)$ 称为离散周期序列的主值。

周期序列 $\tilde{x}(n)$ 可以用离散傅里叶级数（DFS）表示：

$$\tilde{x}(n) = \frac{1}{N} \sum_{k=0}^{N-1} \tilde{X}(k) e^{j\frac{2\pi}{N}kn} = \text{IDFS}[\tilde{X}(k)] \qquad (n = 0, 1, 2, \cdots, N-1).$$

式中：$\widetilde{X}(k)$ 是周期序列 DFS 第 k 次谐波分量的系数，也称为周期序列的频谱，可表示为：

$$\widetilde{X}(k)=\sum_{n=0}^{N-1}\widetilde{x}(n)\mathrm{e}^{-j\frac{2\pi}{N}kn}=\mathrm{DFS}[\widetilde{x}(n)] \qquad (k=0,1,2,\cdots,N-1)。$$

以上两式也是周期序列的一对傅里叶级数变换对。

令 $W_N=\mathrm{e}^{-j\frac{2\pi}{N}}$，以上 DFS 变换对又可以写成：

$$\widetilde{X}(k)=\mathrm{DFS}[\widetilde{x}(n)]=\sum_{n=0}^{N-1}\widetilde{x}(n)W_N^{nk} \qquad (k=0,1,2,\cdots,N-1)，$$

$$\widetilde{x}(n)=\mathrm{IDFS}[\widetilde{X}(k)]=\frac{1}{N}\sum_{k=0}^{N-1}\widetilde{X}(k)W_N^{-nk} \qquad (n=0,1,2,\cdots,N-1)。$$

与连续周期信号的傅里叶级数相比，周期序列的离散傅里叶级数有以下特点：①连续周期信号的傅里叶级数由无穷多个与基波频率成整数倍的谐波分量叠加而成，而周期为 N 的周期序列的傅里叶级数仅有 N 个独立的谐波分量；②周期序列的频谱 $\widetilde{X}(k)$ 也是一个以 N 为周期的周期序列。

2）周期序列的 DFS 和 IDFS

例 4—1 已知一个周期性矩形脉冲宽度占整个周期的 $1/4$，一个周期的采样点数为 16 点，编程显示 3 个周期的序列波形，要求：

（1）用傅里叶级数求信号的幅度谱和相位谱。

（2）求傅里叶级数逆变换的图形，并与原序列进行比较。

程序清单如下：

```
N=16;
xn=[ones(1,N/4),zeros(1,3*N/4)];
xn=[xn,xn,xn];
n=0:3*N-1;k=0:3*N-1;
Xk=xn*exp(-j*2*pi/N).^(n'*k);
x=(Xk*exp(j*2*pi/N).^(n'*k))/N;
subplot(2,2,1);stem(n,xn);
title('x(n)');axis([-1,3*N,1.1*min(xn),1.1*max(xn)]);
subplot(2,2,2);stem(n,abs(x));
title('IDFS|X(k)|');axis([-1,3*N,1.1*min(x),1.1*max(x)]);
subplot(2,2,3),stem(k,abs(Xk));
title('|X(k)|');axis([-1,3*N,1.1*min(abs(Xk)),1.1*max(abs(Xk))]);
subplot(2,2,4),stem(k,angle(Xk));
title('arg|X(k)|');axis([-1,3*N,1.1*min(angle(Xk)),1.1*
max(angle(Xk))]);
```

程序运行结果如图 4—1 所示。

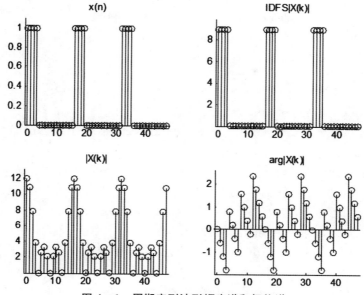

图 4—1 周期序列波形幅度谱和相位谱

由离散傅里叶级数逆变换图形可见，与原序列相比，幅度扩大了 32 倍。这是因为周期序列为原主值序列周期的 3 倍，做逆变换时未做处理。可将逆变换程序改为：

```
x=(Xk*exp(j*2*pi/N).^(n'*k))/3*3*N;
```

由上例可见，周期序列的 DFS 和 IDFS 是依据变换公式编程的，无论信号序列如何变化，求解的公式总是一样的。因此，可将 DFS 和 IDFS 编写成通用子程序。

①离散傅里叶级数变换通用子程序 dfs. m：

```
function[Xk]=dfs(xn,N)
n=0:N-1;k=0:N-1;
WN=exp(-j*2*pi/N);
nk=n'*k;Xk=xn*WN.^nk;
```

②离散傅里叶级数逆变换通用子程序 idfs. m：

```
function[xn]=idfs(Xk,N)
n=0:N-1;k=0:N-1;
WN=exp(j*2*pi/N);
nk=n'*k;xn=(Xk*WN.^nk)/N;
```

 例 4—2 利用上述两个子程序，重做例 4—1。

程序清单如下：

```
N=16;
xn=[ones(1,N/4),zeros(1,3*N/4)];
n=0:N-1;
k=0:N-1;
Xk=dfs(xn,N);
x=idfs(Xk,N);
subplot(2,2,1);stem(n,xn);
title('x(n)');axis([- 1,3*N,1.1*min(xn),1.1*max(xn)]);
subplot(2,2,2);stem(n,abs(x));
title('IDFS|X(k)|');axis([-1,3*N,1.1*min(x),1.1*max(x)]);
subplot(2,2,3),stem(k,abs(Xk));
title('|X(k)|');axis([- 1,3*N,1.1*min(abs(Xk)),1.1*max(abs(Xk))]);
subplot(2,2,4),stem(k,angle(Xk));
title('arg|X(k)|');axis([-1,3*N,1.1*min(angle(Xk)),1.1*
max(angle(Xk))]);
```

程序运行结果如图4—2所示。由于子程序仅适用于对主值区间进行变换，周期次数无法传递给子程序，因此程序执行结果仅显示一个周期的变换情况。

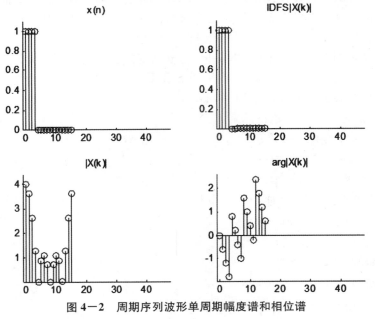

图4—2 周期序列波形单周期幅度谱和相位谱

2）周期重复次数对序列频谱的影响

理论上讲，周期序列不满足绝对可积条件，因此不能用傅里叶级数来表示。实际处理

时可先取 K 个周期进行处理，然后令 K 趋于无穷大，分析其极限情况。根据这一分析思路，可以观察序列由非周期到周期变化时，频谱由连续谱逐渐向离散谱过渡的过程。

例 4—3　已知一矩形脉冲宽度占整个周期的 $1/2$，一个周期的采样点数为 10 点，用 DFS 求序列的重复周期数分别为 1、4、7、10 时的幅度谱。

程序清单如下：

```
xn=[ones(1,5),zeros(1,5)];Nx=length(xn);Nw=1000;dw=2*pi/Nw;
k=floor((-Nw/2+0.5):(Nw/2+0.5));
for r=0:3
    K=3*r+1;nx=0:(K*Nx-1);
x=xn(mod(nx,Nx)+1);Xk=x*(exp(-j*dw*nx'*k))/K;
subplot(4,2,2*r+1);stem(nx,x);
axis([0,K*Nx-1,0,1.1]);ylabel('x(n)');
subplot(4,2,2*r+2);plot(k*dw,abs(Xk));
axis([-4,4,0,1.1*max(abs(Xk))]);ylabel('X(k)');
end
```

程序运行结果如图 4—3 所示。由图可见，序列的重复周期数越多，频谱越是向几个频点集中。当序列的周期数趋于无穷大时，频谱转化为离散谱。

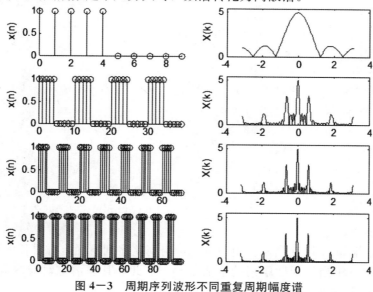

图 4—3　周期序列波形不同重复周期幅度谱

2. 离散傅里叶变换（DFT）

1）DFT 与 IDFT

在实际中常常使用有限长序列。如果有限长序列为 $x(n)$，则该序列的离散傅里叶变

换对可表示为:

$$X(k) = \text{DFT}[x(n)] = \sum_{n=0}^{N-1} x(n) W_N^{nk} \qquad (k=0,1,2,\cdots,N-1),$$

$$x(n) = \text{IDFT}[X(k)] = \frac{1}{N} \sum_{k=0}^{N-1} X(k) W_N^{-nk} \qquad (n=0,1,2,\cdots,N-1).$$

从离散傅里叶变换定义式可以看出,有限长序列在时域上是离散的,在频域上也是离散的,式中 $W_N = \mathrm{e}^{-j\frac{2\pi}{N}}$,即仅在单位圆上 N 个等间距的点上取值,这为使用计算机进行处理带来了方便。

由有限长序列的傅里叶变换和逆变换定义可知,DFT 和 DFS 的变换公式非常相似,因此,在程序编写上也基本一致。

例 4—4 已知 $x(n)=[0,1,2,3,4,5,6,7]$,求其 DFT 和 IDFT。要求:

(1) 画出序列傅里叶变换对应的 $|X(k)|$ 和 $\arg[X(k)]$ 图形。

(2) 画出 $x(n)$ 图形,并与 IDFT$[X(k)]$ 图形进行比较。

程序清单如下:

```
xn=[0,1,2,3,4,5,6,7];
N=length(xn);
n=0:N-1;
k=0:N-1;
Xk=xn*exp(-j*2*pi/N).^(n'*k);
x=(Xk*exp(j*2*pi/N).^(n'*k))/N;
subplot(2,2,1);stem(n,xn);
title('x(n)');axis([-1,N,1.1*min(xn),1.1*max(xn)]);
subplot(2,2,2);stem(n,abs(x));
title('IDFT|X(k)|');axis([-1,N,1.1*min(x),1.1*max(x)]);
subplot(2,2,3),stem(k,abs(Xk));
title('|X(k)|');axis([-1,N,1.1*min(abs(Xk)),1.1*max(abs(Xk))]);
subplot(2,2,4),stem(k,angle(Xk));
title('arg|X(k)|');axis([-1,N,1.1*min(angle(Xk)),1.1*
max(angle(Xk))]);
```

程序运行结果如图 4—4 所示。由图可见,与周期序列不同,有限长序列本身是仅有 N 点的离散序列,相当于周期序列的主值部分。因此,其频谱也对应序列的主值部分,是长度为 N 的离散序列。

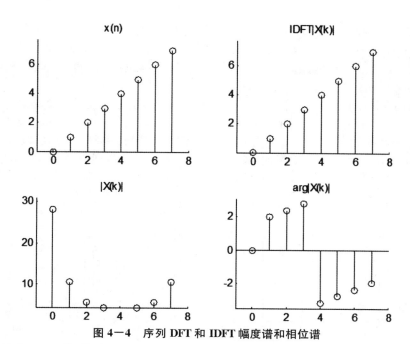

图 4—4 序列 DFT 和 IDFT 幅度谱和相位谱

2）DFT 与 DFS 的联系

将周期序列的傅里叶级数变换对和有限长序列的离散傅里叶变换对进行比较可见，两者的区别仅仅是将周期序列 $\tilde{x}(n)$ 换成了有限长序列 $x(n)$，同时，由于式中 W_N^{nk} 的周期性，因而有限长序列的离散傅里叶变换实际上隐含着周期性。

例 4—5 已知周期序列的主值 $x(n)=[0，1，2，3，4，5，6，7]$，求 $x(n)$ 的周期重复次数为 4 次时的 DFS。要求：

（1）画出主值序列周期序列的波形。

（2）画出周期序列傅里叶变换对应的 $|\tilde{X}(k)|$ 和 $\arg[|\tilde{X}(k)|]$ 的图形。

程序清单如下：

```
xn=[0,1,2,3,4,5,6,7];
N=length(xn);
m=0:N-1;
n=0:4*N-1;
k=0:4*N-1;
xn1=xn(mod(n,N)+1);
Xk=xn1*exp(-j*2*pi/N).^(n'*k);
subplot(2,2,1);stem(m,xn);
title('x(n)');
subplot(2,2,2);stem(n,xn1);
```

```
title('周期序列');
subplot(2,2,3),stem(k,abs(Xk));
title('|X(k)|');axis([-1,4*N,1.1*min(abs(Xk)),1.1*max(abs(Xk))]);
subplot(2,2,4),stem(k,angle(Xk));
title('arg|X(k)|');axis([-1,4*N,1.1*min(angle(Xk)),1.1*
max(angle(Xk))]);
```

程序运行结果如图 4—5 所示。与例 4—4 相比，有限长序列 $x(n)$ 可以看成周期序列 $\tilde{x}(n)$ 的一个周期；反之，周期序列 $\tilde{x}(n)$ 可以看成有限长序列以 N 为周期的周期延拓。频域上的情况也一样。从这个意义上说，周期序列只有有限个序列值有意义。

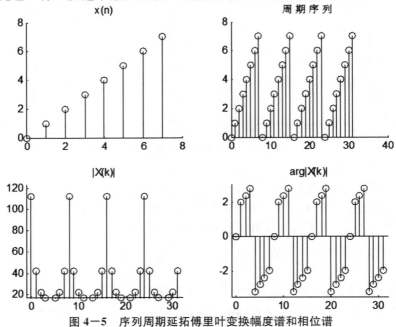

图 4—5　序列周期延拓傅里叶变换幅度谱和相位谱

3）DFT 与 DTFT 的联系

若离散时间非周期序列为 $x(n)$，则它的离散傅里叶变换（DTFT）对定义为：

$$\mathrm{DTFT}[x(n)]=X(\mathrm{e}^{j\omega})=\sum_{n=-\infty}^{\infty} x(n)\mathrm{e}^{-j\omega n},$$

$$\mathrm{IDTFT}[X(\mathrm{e}^{j\omega})]=x(n)=\frac{1}{2\pi}\int_{-\pi}^{\pi} X(\mathrm{e}^{j\omega})\mathrm{e}^{j\omega n}\,\mathrm{d}\omega。$$

其中，$X(\mathrm{e}^{j\omega})$ 称为序列的频谱，可表示为 $X(\mathrm{e}^{j\omega})=|X(\mathrm{e}^{j\omega})|\mathrm{e}^{\varphi(\omega)}$，$|X(\mathrm{e}^{j\omega})|$ 称为序列的幅度谱，$\mathrm{e}^{\varphi(\omega)}$ 称为序列的相位谱。

由 DTFT 的定义可见，序列在时域是离散的、非周期的，在频域是连续的、周期的。

与有限长序列相比，$X(\mathrm{e}^{j\omega})$ 仅在单位圆上取值，$X(k)$ 是在单位圆上 N 个等间距的点上取值。因此，连续谱 $X(\mathrm{e}^{j\omega})$ 可由离散谱 $X(k)$ 经插值后得到。

 求有限长序列 $x(n)=[0, 1, 2, 3, 4, 5, 6, 7]$ 的 DTFT，将（-2π，2π）

区间分成 500 份。要求：

（1）画出序列 $x(n)$ 的图形。

（2）画出由 DTFT 求出的幅度谱 $|X(e^{j\omega})|$ 和相位谱 $e^{\varphi(\omega)}$ 的图形。

程序清单如下：

```
xn=[0,1,2,3,4,5,6,7];
N=length(xn);
n=0:N-1;
w=linspace(-2*pi,2*pi,500);
X=xn*exp(-j*n'*w);
subplot(3,1,1);stem(n,xn);box on;
title('x(n)');
subplot(3,1,2);plot(w,abs(X));
title('|X(e^j\omega)|');axis([-2*pi,2*pi,1.1*min(abs(X)),1.1*
max(abs(X))]);
subplot(3,1,3),plot(w,angle(X));
title('e^\phi(\omega)');axis([-2*pi,2*pi,1.1*min(angle(X)),1.1*
max(angle(X))]);
```

程序运行结果如图 4—6 所示。

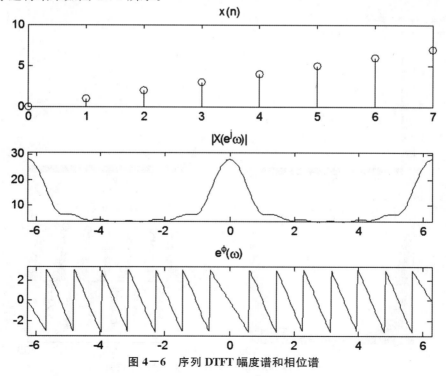

图 4—6 序列 DTFT 幅度谱和相位谱

　　与图 4—4 相比，两者有一定差别。主要原因在于，该例进行 DTFT 时，$X(e^{j\omega})$ 在单位圆上取 250 个点进行分割；图 4—4 进行 DFT 时，$X(k)$ 是在单位圆上以 $N=8$ 的等间距取值，$X(k)$ 的序列长度与 $X(e^{j\omega})$ 相比不够长。若将 $x(n)=[0，1，2，3，4，5，6，7]$ 补零拓展至长度 $N=100$，再求其 DFT，如图 4—7 所示。与例 4—6 相比，$|X(k)|$ 和 $\arg[X(k)]$ 图形接近 $|X(e^{j\omega})|$ 和 $e^{\varphi(\omega)}$ 的图形。注意图 4—7 对应 $[0，2\pi]$ 区间。

　　程序清单如下：

```
N=100;xn=[0,1,2,3,4,5,6,7,zeros(1,N-8)];
n=0:N-1;k=0:N-1;
Xk=xn*exp(-j*2*pi/N).^(n'*k);
x=(Xk*exp(j*2*pi/N).^(n'*k))/N;
subplot(2,2,1);stem(n,xn);title('x(n)');axis([-1,N,1.1*min(xn),
1.1*max(xn)]);
subplot(2,2,2);stem(n,abs(x));title('IDFT|X(k)|');axis([-1,N,
1.1*min(x),1.1*max(x)]);
subplot(2,2,3),stem(k,abs(Xk));
title('|X(k)|');axis([-1,N,1.1*min(abs(Xk)),1.1*max(abs(Xk))]);
subplot(2,2,4),stem(k,angle(Xk));
title('arg|X(k)|');axis([-1,N,1.1*min(angle(Xk)),1.1*
max(angle(Xk))]);
```

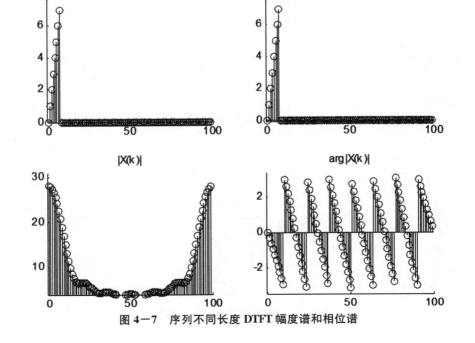

图 4—7　序列不同长度 DTFT 幅度谱和相位谱

五、思考题

（1）离散傅里叶级数与连续性周期信号的傅里叶级数有何不同？周期序列的频谱有何特点？

（2）DFS、DFT 有何联系？

实训五　快速傅里叶变换（FFT）应用实训

一、实训目的

（1）进一步加深对 DFT 算法原理和基本性质的理解（因为 FFT 只是 DFT 的一种快速算法，所以 FFT 的运算结果必然满足 DFT 的基本性质）。

（2）熟悉 FFT 算法原理和 FFT 函数的应用。

（3）学习用 FFT 对连续信号和时域离散信号进行谱分析的方法，了解可能出现的分析误差及其原因，以便在实际中正确应用 FFT。

二、实训内容

（1）阅读并输入实训原理中介绍的例题程序，观察输出的数据和图形，结合基本原理理解每一条语句的含义。

（2）已知有限长序列 $x(n)=[1, 0.5, 0, 0.5, 1, 1, 0.5, 0]$，要求：

①求该序列的 DFT、IDFT 的图形；

②用 FFT 算法求该序列的 DFT、IDFT 的图形；

③假定采用频率 $F_s=20$ Hz，序列长度 N 分别取 8、32 和 64，用 FFT 计算其幅度谱和相位谱。

（3）已知一个无限长序列 $x(n)=0.5^n (n \geqslant 0)$，采样周期 $T_s=0.2$ s，要求序列长度分别取 8、32 和 64，用 FFT 求其频谱。

三、实训仪器和设备

计算机，MATLAB 软件。

四、实训原理及步骤

1. MATLAB 提供的 FFT 函数

由理论学习可知，DFT 是唯一在时域和频域均离散的变换方法，它适用于有限长序列。尽管这种变换方法是可以用于数值计算的，但如果只是简单地按照定义进行数据处理，当序列长度很大时，将占用很大的内存空间，且运算时间很长。

快速傅里叶变换是用于 DFT 运算的高效快速算法的统称，FFT 只是其中的一种。

FFT 主要有时域抽取算法和频域抽取算法，基本思想是将一个长度为 N 的序列分解成多个段序列，如基 2 算法、基 4 算法等，大大地缩短了 DFT 的时间。有关详细理论可参考教材。

MATLAB 提供了进行 FFT 的函数 fft 和 ifft，分别用于计算 DFT 和 IDFT。

例 5—1 已知一个长度为 8 的时域离散信号，$n_1=0$，$n_2=7$，在 $n_0=4$ 前为 0，在 n_0 以后为 1。对其进行 FFT 变换，作时域离散信号及 DFT、IDFT 的图形。

程序清单如下：

```
n1=0;n2=7;n0=4;n=n1:n2;N=length(n);
xn=[(n-n0)>=0];subplot(2,2,1);stem(n,xn);title('x(n)');
k=0:N-1;Xk=fft(xn,N);subplot(2,1,2);stem(k,abs(Xk));title('Xk=
DFT(xn)');
xn1=ifft(Xk,N);subplot(2,2,2);stem(n,xn1);title('x(n)=IDFT(Xk)');
```

程序运行结果如图 5—1 所示。

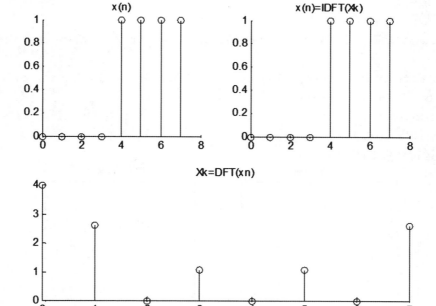

图 5—1 时域离散信号、DFT 及 IDFT

2. 用 FFT 进行频谱分析

1）对有限长序列进行频谱分析

一个序号从 n_1 到 n_2 的时域有限长序列 $x(n)$，它的频谱 $X(e^{j\omega})$ 定义为它的离散傅里叶变换，且在 Nyquist 频率范围内有界并连续。序列的长度为 N，则 $N=n_2-n_1+1$。计算 $x(n)$ 的 DFT 得到的是 $X(e^{j\omega})$ 的 N 个样本点 $X(e^{j\omega_k})$。其中数字频率为：

$$\omega_k=k(\frac{2\pi}{N})=k\mathrm{d}\omega。$$

式中：$d\omega$ 为数字频率的分辨率；k 取对应 $-(N-1)/2$ 到 $(N-1)/2$ 区间的整数。

在实际使用中，往往要求计算出信号以模拟频率为横坐标的频谱，此时对应的模拟频率为：

$$\Omega_k = \frac{\omega_k}{T_s} = k(\frac{2\pi}{NT_s}) = k(\frac{2\pi}{L}) = kD。$$

式中：D 为模拟频率的分辨率或频率间隔；T_s 为采样信号的周期，$T_s = 1/F_s$；定义信号的长度 $L = NT_s$。

在使用 FFT 进行 DFT 的高效运算时，一般不直接用 n 从 n_1 到 n_2 的 $x(n)$，而是取 $\tilde{x}(n)$ 的主值区间（$n = 0$，1，…，$N-1$）的数据，经 FFT 将产生 N 个数据，定位在 $k = 0$，1，…，$N-1$ 的数字频率点上，即对应 $[0, 2\pi]$。如果要显示 $[-\pi, \pi]$ 范围的频谱，则可以使用 fftshift(X) 进行位移。

例 5－2   已知有限长序列 $x(n) = [1, 2, 3, 2, 1]$，其采样频率 $F_s = 10$ Hz。请使用 FFT 计算其频谱。

程序清单如下：

```
Fs=10;xn=[1,2,3,2,1];N=length(xn);D=2*pi*Fs/N;k=floor(-(N-1)/
2:(N-1)/2);
    X=fftshift(fft(xn,N));subplot(1,2,1);plot(k*D,abs(X),'o:');
title('幅度频谱');xlabel('rad/s');
    subplot(1,2,2);plot(k*D,angle(X),'o:');title('相位频谱');
xlabel('rad/s');
```

程序运行结果如图 5－2 所示。

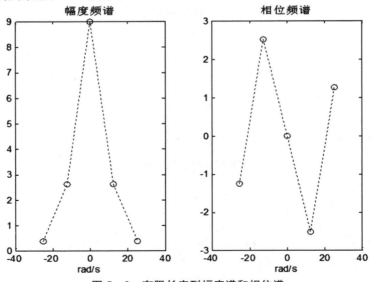

图 5－2   有限长序列幅度谱和相位谱

　　由图 5-2 可知，当有限长序列的长度 $N=5$ 时，频谱的样本点数也为 5，频率点之间的间距非常大，即分辨率很低。即使使用了 plot 命令的插值功能，显示出的曲线仍是断续的，与真实曲线有较大误差。改变分辨率的基本方法是给输入序列补零，即增加频谱的密度。这种方法只是改善了图形的视在分辨率，并不增加频谱的细节信息。

　　将上述有限长序列 $x(n)=[1，2，3，2，1]$ 末尾补零到 $N=1000$ 点，将程序改为：

```
Fs=10;N=1000;xn=[1,2,3,2,1];
Nx=length(xn);
xn=[1,2,3,2,1,zeros(1,N-Nx-1)];
D=2*pi*Fs/N;
k=floor(-(N-1)/2:(N-1)/2);
X=fftshift(fft(xn,N));
subplot(1,2,1);plot(k*D,abs(X));
title('幅度频谱');xlabel('rad/s');
subplot(1,2,2);plot(k*D,angle(X));
title('相位频谱');xlabel('rad/s');
```

　　程序的运行结果如图 5-3 所示，由图可见，图形的分辨率提高，曲线几乎是连续的频谱了。

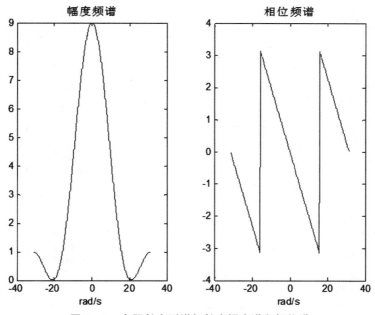

图 5-3　有限长序列增加长度幅度谱和相位谱

例 5—3　已知一个矩形窗函数序列为：

$$x(n)=\begin{cases}1 & |n|\leqslant 5\\ 0 & |n|>5\end{cases},$$

采样周期 $T_s=0.5$ s，要求用 FFT 求其频谱。

由于该序列是一个实的偶序列，因而补零时需要仔细分析。假定按 $N=32$ 补零，则主值区域在 $n=0\sim31$，FFT 的输入应为：

```
xn=[ones(1,6),zeros(1,N-11),ones(1,5)]
```

即原来 $n=[-5:-1]$ 的前五个点移到 $n=[27:31]$ 中去了。

下面考虑分别用 $N=32$、64、512，观察不同 N 值代入对频谱的影响。

程序清单如下：

```
Ts=0.5;C=[32,64,512];
for r=0:2;
N=C(r+1);xn=[ones(1,6),zeros(1,N-11),ones(1,5)];
D=2*pi/(N*Ts);k=floor(-(N-1)/2:(N-1)/2);X=fftshift(fft(xn,N));
subplot(3,2,2*r+1);plot(k*D,abs(X));
subplot(3,2,2*r+2);stairs(k*D,angle(X));
end
```

程序运行结果如图 5—4 所示。

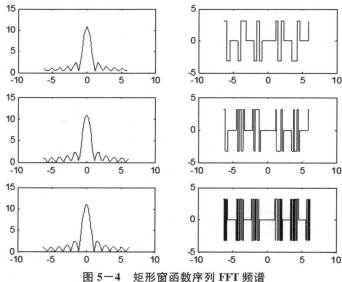

图 5—4　矩形窗函数序列 FFT 频谱

如果将 $x(n)$ 的输入写成

```
xn=[ones(1,11),zeros(1,N-11)];
```

相当于起点不是取自 $n=0$ 而是 $n=-5$，计算的是 $x(n-5)$ 的频谱。幅度频谱不受影响，相位频谱引入一个线性相位 -5ω，如图 5-5 所示。

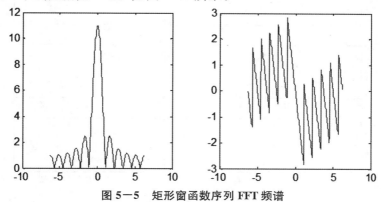

图 5-5　矩形窗函数序列 FFT 频谱

2）对无限长序列进行频谱分析

用 FFT 进行无限长序列的频谱分析，首先要将无限长序列截断成一个有限长序列。序列长度的取值对频谱有较大的影响，带来的问题是引起频谱的泄漏和波动。

例 5-4　　已知一个无限长序列为 $x(n)=\mathrm{e}^{-0.5n}$ $(n\geqslant0)$，$x(n)=0$ $(n<0)$，采样频率 $F_s=20$ Hz，要求用 FFT 求其频谱。

程序清单如下：

```
Fs=20;C=[8,16,128];
for r=0:2;
    N=C(r+1);n=0:N-1;xn=exp(-0.5*n);
    D=2*pi*Fs/N;
    k=floor(-(N-1)/2:(N-1)/2);
    X=fftshift(fft(xn,N));
    subplot(3,2,2*r+1);plot(k*D,abs(X));
    axis([-80,80,0,3]);
    subplot(3,2,2*r+2);stairs(k*D,angle(X));
    axis([-80,80,-1,1]);
end
```

程序运行结果如图 5-6 所示。由图可见，N 值取得越大，即序列保留得越长，曲线精度越高。

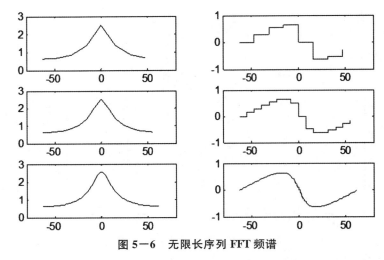

图 5－6   无限长序列 FFT 频谱

例 5－5   用 FFT 计算下列连续时间信号的频谱，并观察选择不同的 T_s 和 N 值对频谱特性的影响。

$$x_a(t) = \mathrm{e}^{-0.01t}(\sin 2t + \sin 2.1t + \sin 2.2t) \qquad (t>0)。$$

该题选择了三个非常接近的正弦信号，为了将各频率成分区分出来，在满足奈奎斯特定理的条件下确定采样周期，选择三组数据，分别是 $T_s=0.5$ s，0.25 s，0.125 s；再确定 N 值，分别选择 $N=256$ 和 $N=2048$。观察不同 T_s 和 N 的组合对频谱分析的影响。

程序清单如下：

```
T0=[0.5,0.25,0.125,0.125];
N0=[256,256,256,2048];
for r=1:4;
    Ts=T0(r);N=N0(r);
    n=0:N-1;
    xn=exp(-0.5*n);
    D=2*pi/(N*Ts);
    xa=exp(-0.01*n*Ts).*(sin(2*n*Ts)+sin(2.1*n*Ts)+
sin(2.2*n*Ts));
    k=floor(-(N-1)/2:(N-1)/2);
    Xa=Ts*fftshift(fft(xa,N));
    subplot(2,2,r);plot(k*D,abs(Xa));
    axis([1,3,1.1*min(abs(Xa)),1.1*max(abs(Xa))]);
end
```

程序运行结果如图 5-7 所示。

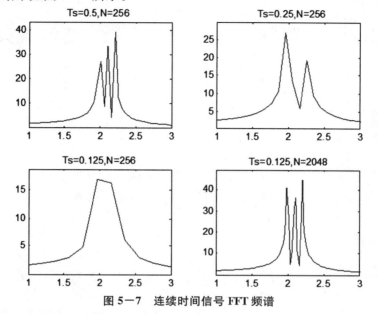

图 5-7 连续时间信号 FFT 频谱

由图 5-7 可以得出以下结论：

（1）N 同样取 256，当 T_s 越大时，时域信号的长度 $L=NT_s$ 保留得越长，分辨率越高，频谱特性误差越小；反之，则分辨率越低，频谱特性误差越大，甚至丢失某些信号分量。

（2）T_s 相同，当 N 越大时，在 $[0, 2\pi]$ 范围内等间隔抽样点数越多，且时域信号的长度 $L=NT_s$ 保留得越长，分辨率越高，频谱特性误差越小；在 $[0, 2\pi]$ 范围内等间隔抽样点数越少，时域信号的长度 $L=NT_s$ 保留得越短，分辨率越低，频谱特性误差越大，甚至可能漏掉某些重要的信号分量，称为栅栏效应。

五、思考题

（1）DFS、DFT、FFT 有何联系？

（2）在 N 分别取 8、32 和 64 的情况下，幅频特性会相同吗？为什么？

（3）如果周期信号的周期预先不知道，如何用 FFT 进行谱分析？

实训六　无限脉冲响应（IIR）数字滤波器实训

一、实训目的

（1）加深对 IIR 数字滤波器基本设计方法的理解。

（2）熟悉用双线性变换法设计 IIR 数字滤波器的原理与方法。

（3）了解 MATLAB 有关 IIR 数字滤波器设计函数的调用方法。

二、实训内容

（1）阅读并输入实训原理中介绍的例题程序，观察输出的数据和图形，结合基本原理理解每一条语句的含义。

（2）用双线性变换法设计切比雪夫Ⅱ型数字滤波器，列出传递函数并描绘模拟和数字滤波器的幅频响应曲线。

①设计一个数字低通滤波器，要求：$\omega_p = 0.2\pi$，$R_p = 1$ dB；阻带：$\omega_s = 0.35\pi$，$A_s = 15$ dB；滤波器采样频率 $F_s = 10$ Hz。

②设计一个数字高通滤波器，要求：$\omega_p = 0.35\pi$，$R_p = 1$ dB；阻带：$\omega_s = 0.2\pi$，$A_s = 15$ dB；滤波器采样频率 $F_s = 10$ Hz。

（3）设计一个切比雪夫Ⅱ型数字带通滤波器，要求：$f_{p1} = 200$ Hz，$f_{p2} = 300$ Hz，$R_p = 1$ dB；$f_{s1} = 150$ Hz，$f_{s2} = 350$ Hz，$A_s = 20$ dB；滤波器采样周期 $T_s = 0.001$ s。列出传递函数并作频率响应曲线和零极点分布图。

三、实训仪器和设备

计算机，MATLAB 软件。

四、实训原理及步骤

1. 双线性变换法的基本知识

双线性变换法是将整个 s 平面映射到 z 平面，其映射关系为：

$$s = \frac{2}{T} \frac{1 - z^{-1}}{1 + z^{-1}} \quad \text{或} \quad z = \frac{1 + sT/2}{1 - sT/2}。$$

　　双线性变换法克服了脉冲响应不变法从 s 平面到 z 平面的多值映射的缺点，消除了频谱混叠现象。但其在变换过程中产生了非线性畸变，在设计 IIR 数字滤波器的过程中需要进行一定的修正。

　　用双线性变换法设计 IIR 数字滤波器的步骤如下：

　　（1）输入给定的数字滤波器的设计指标；

　　（2）根据公式 $\Omega = (2/T)\tan(\omega/2)$ 进行预修正，将数字滤波器设计指标转换为模拟滤波器设计指标；

　　（3）确定模拟滤波器的最小阶数和截止频率；

　　（4）计算模拟低通原型滤波器的系统传递函数；

　　（5）利用模拟域频率变换法求解实际模拟滤波器的系统传递函数；

　　（6）用双线性变换法将模拟滤波器转换为数字滤波器。

2. 用双线性变换法设计 IIR 数字低通滤波器

例 6—1　　设计一个巴特沃斯数字低通滤波器，要求：$\omega_p = 0.25\pi$，$R_p = 1$ dB；$\omega_s = 0.4\pi$，$A_s = 15$ dB；滤波器采样频率 $F_s = 100$ Hz。

　　程序清单如下：

```
wp=0.25*pi;              % 滤波器的通带截止频率
ws=0.4*pi;              % 滤波器的阻带截止频率
Rp=1;As=15;            % 滤波器的通阻带衰减指标
ripple=10^(-Rp/20);    % 滤波器的通带衰减对应的幅度值
Attn=10^(-As/20);      % 滤波器的阻带衰减对应的幅度值
% 转换为模拟滤波器的技术指标
Fs=100;T=1/Fs;
Omgp=(2/T)*tan(wp/2);    % 原型通带频率的预修正
Omgs=(2/T)*tan(ws/2);    % 原型阻带频率的预修正
% 模拟原型滤波器计算
[n,Omgc]=buttord(Omgp,Omgs,Rp,As,'s')    % 计算阶数 n 和截止频率
[z0,p0,k0]=buttap(n);          % 设计归一化的巴特沃思模拟滤波器原型
ba1=k0*real(poly(z0));        % 求原型滤波器的系数 b
aa1=real(poly(p0));            % 求原型滤波器的系数 a
[ba,aa]=lp2lp(ba1,aa1,Omgc);    % 变换为模拟低通滤波器
% 也可将以上 4 行替换为[bb,aa]=butter(n,Omgc,'s');直接求模拟滤波器
系数
% 用双线性变换法计算数字滤波器系数
[bd,ad]=bilinear(ba,aa,Fs)
```

```
[sos,g]=tf2sos(bd,ad)          % 转换成级联型
% 求数字系统的频率特性
[H,w]= freqz(bd,ad);
dBH= 20* log10((abs(H)+eps)/max(abs(H)));
subplot(2,2,1);plot(w/pi,abs(H));
ylabel('|H|');title('幅度响应');axis([0,1,0,1.1]);
set(gca,'XTickMode','manual','XTick',[0,0.25,0.4,1]);
set(gca,'YTickMode','manual','YTick',[0,Attn,ripple,1]);grid
subplot(2,2,2);plot(w/pi,angle(H)/pi);
ylabel('\phi');title('相位响应');axis([0,1,-1,1]);
set(gca,'XTickMode','manual','XTick',[0,0.25,0.4,1]);
set(gca,'YTickMode','manual','YTick',[-1,0,1]);grid
subplot(2,2,3);plot(w/pi,dBH);title('幅度响应(dB)');
ylabel('dB');xlabel('频率(\pi)');axis([0,1,-40,5]);
set(gca,'XTickMode','manual','XTick',[0,0.25,0.4,1]);
set(gca,'YTickMode','manual','YTick',[-50,-15,-1,0]);grid
subplot(2,2,4);zplane(bd,ad);
axis([-1.1,1.1,-1.1,1.1]);title('零极点图');
```

程序运行结果如下：

```
n=     5
Omgc=103.2016
bd=    0.0072     0.0362     0.0725     0.0725     0.0362     0.0072
ad=    1.0000   - 1.9434     1.9680   - 1.0702     0.3166   - 0.0392
sos=
       1.0000     0.9956          0     1.0000   - 0.3193          0
       1.0000     2.0072     1.0072     1.0000   - 0.6984     0.2053
       1.0000     1.9972     0.9973     1.0000   - 0.9257     0.5976
g=     0.0072
```

频率特性如图 6—1 所示。

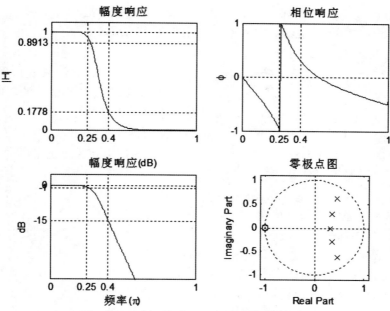

图 6—1 巴特沃斯数字低通滤波器频率特性

由频率特性曲线可知，该设计结果在通阻带截止频率处能满足 $R_p \leqslant 1$ dB、$A_s \geqslant 15$ dB 的设计指标要求，系统的极点全部在单位圆内，是一个稳定系统。由 $n=5$ 可知，该滤波器是一个 5 阶系统，原型 $Ha(s)$ 在 $s=-\infty$ 处有 5 个零点，映射到 $z=-1$ 处。该滤波器的传递函数为：

$$H(z) = \frac{0.0072 + 0.0362z^{-1} + 0.0725z^{-2} + 0.0725z^{-3} + 0.0362z^{-4} + 0.0072z^{-5}}{1 - 1.9434z^{-1} + 1.9680z^{-2} - 1.0702z^{-3} + 0.3166z^{-4} - 0.0392z^{-5}}$$ （直接型），

$$H(z) = \frac{0.0072(1+z^{-1})^5}{(1-0.3193z^{-1})(1-0.6984z^{-1}+0.2053z^{-2})(1-0.9257z^{-1}+0.5976z^{-2})}$$ （级联型）。

3. 用双线性变换法设计 IIR 数字高通滤波器

例 6—2 设计一个椭圆数字高通滤波器，要求：通带 $f_p = 250$ Hz，$R_p = 1$ dB；阻带 $f_s = 150$ Hz，$A_s = 20$ dB；滤波器采样频率 $F_s = 1000$ Hz。

程序清单如下：

```
fs=150;fp=250;Fs=1000;T=1/Fs;
wp=fp/Fs*2*pi;          % 滤波器的通带截止频率
ws=fs/Fs*2*pi;          % 滤波器的阻带截止频率
Rp=1;As=20;             % 滤波器的通阻带衰减指标
ripple=10^(-Rp/20);     % 滤波器的通带衰减对应的幅度值
Attn=10^(-As/20);       % 滤波器的阻带衰减对应的幅度值
% 转换为模拟滤波器的技术指标
```

```
Omgp=(2/T)*tan(wp/2);      % 原型通带频率的预修正
Omgs=(2/T)*tan(ws/2);      % 原型阻带频率的预修正
% 模拟原型滤波器计算
[n,Omgc]=ellipord(Omgp,Omgs,Rp,As,'s')   % 计算阶数 n 和截止频率
[z0,p0,k0]=ellipap(n,Rp,As);      % 设计归一化的椭圆滤波器原型
ba1=k0*real(poly(z0));     % 求原型滤波器的系数 b
aa1=real(poly(p0));          % 求原型滤波器的系数 a
[ba,aa]=lp2hp(ba1,aa1,Omgc);    % 变换为模拟高通滤波器
% 用双线性变换法计算数字滤波器系数
[bd,ad]=bilinear(ba,aa,Fs)
% 求数字系统的频率特性
[H,w]=freqz(bd,ad);
dBH=20*log10((abs(H)+eps)/max(abs(H)));
subplot(2,2,1);plot(w/2/pi*Fs,abs(H),'k');
ylabel('|H|');title('幅度响应');axis([0,Fs/2,0,1.1]);
set(gca,'XTickMode','manual','XTick',[0,fs,fp,Fs/2]);
set(gca,'YTickMode','manual','YTick',[0,Attn,ripple,1]);grid
subplot(2,2,2);plot(w/2/pi*Fs,angle(H)/pi*180,'k');
ylabel('\phi');title('相位响应');axis([0,Fs/2,-180,180]);
set(gca,'XTickMode','manual','XTick',[0,fs,fp,Fs/2]);
set(gca,'YTickMode','manual','YTick',[-180,0,180]);grid
subplot(2,2,3);plot(w/2/pi*Fs,dBH);title('幅度响应(dB)');
ylabel(' dB');xlabel('频率(\pi)');axis([0,Fs/2,-40,5]);
set(gca,'XTickMode','manual','XTick',[0,fs,fp,Fs/2]);
set(gca,'YTickMode','manual','YTick',[-50,-20,-1,0]);grid
subplot(2,2,4);zplane(bd,ad);
axis([-1.1,1.1,-1.1,1.1]);title('零极点图');
```

程序运行结果如下：

```
n=      3
Omgc=2.0000e+ 003
bd=    0.2545    -0.4322    0.4322    -0.2545
ad=    1.0000     0.1890    0.7197    0.1574
```

频率特性如图 6—2 所示。

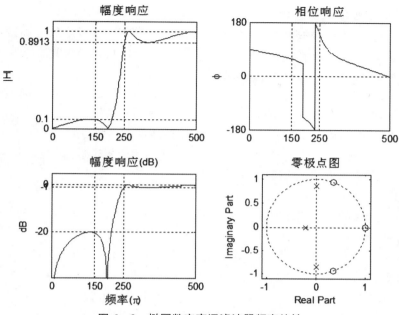

图6—2　椭圆数字高通滤波器频率特性

4. 用双线性变换法设计 IIR 数字带通滤波器

例6—3　　设计一个切比雪夫 I 型数字带通滤波器，要求：通带 $\omega_{p1}=0.3\pi$，$\omega_{p2}=0.7\pi$，$R_p=1$ dB；阻带 $\omega_{s1}=0.2\pi$，$\omega_{s2}=0.8\pi$，$A_s=20$ dB；滤波器采样周期 $T_s=0.001$ s。

程序清单如下：

```
wp1= 0.3* pi;wp2= 0.7* pi;      % 滤波器的通带截止频率
ws1= 0.2* pi;ws2= 0.8* pi;      % 滤波器的阻带截止频率
Rp= 1;As= 20;       % 滤波器的通阻带衰减指标
% 转换为模拟滤波器的技术指标
T= 0.001;Fs= 1/T;
Omgp1= (2/T)* tan(wp1/2);Omgp2= (2/T)* tan(wp2/2);
Omgp= [Omgp1,Omgp2];
Omgs1= (2/T)* tan(ws1/2);Omgs2= (2/T)* tan(ws2/2);
Omgs= [Omgs1,Omgs2];
bw= Omgp2- Omgp1;w0= sqrt(Omgp1* Omgp2);  % 模拟通带带宽和中心频率
% bw= Omgs2- Omgs1;w0= sqrt(Omgs1* Omgs2);设计 cheb2 时用模拟阻带带宽
和中心频率
ripple= 10^(- Rp/20);   % 滤波器的通带衰减对应的幅度值
Attn= 10^(- As/20);      % 滤波器的阻带衰减对应的幅度值
```

```
% 模拟原型滤波器计算
[n,Omgn]=cheb1ord(Omgp,Omgs,Rp,As,'s')   % 计算阶数 n 和截止频率
[z0,p0,k0]=cheb1ap(n,Rp);     % 设计归一化的模拟滤波器原型
% [n,Omgn]=cheb2ord(Omgp,Omgs,Rp,As,'s')
% [z0,p0,k0]=cheb2ap(n,As);     % 设计归一化的 cheb2 型模拟滤波器原型
ba1=k0* real(poly(z0));   % 求原型滤波器的系数 b
aa1=real(poly(p0));       % 求原型滤波器的系数 a
[ba,aa]=lp2bp(ba1,aa1,w0,bw);   % 变换为模拟带通滤波器
% 用双线性变换法计算数字滤波器系数
[bd,ad]=bilinear(ba,aa,Fs)
% 求数字系统的频率特性
[H,w]=freqz(bd,ad);
dBH=20* log10((abs(H)+eps)/max(abs(H)));
subplot(2,2,1);plot(w/pi,abs(H));
ylabel('|H|');title('幅度响应');axis([0,1,0,1.1]);
set(gca,'XTickMode','manual','XTick',[0,0.2,0.3,0.7,0.8]);
set(gca,'YTickMode','manual','YTick',[0,Attn,ripple,1]);grid
subplot(2,2,2);plot(w/pi,angle(H)/pi* 180);
ylabel('\phi');title('相位响应');axis([0,1,-180,180]);
set(gca,'XTickMode','manual','XTick',[0,0.2,0.3,0.7,0.8]);
set(gca,'YTickMode','manual','YTick',[-180,-90,0,90,180]);grid
subplot(2,2,3);plot(w/pi,dBH);title('幅度响应(dB)');
ylabel('dB');xlabel('频率(\pi)');axis([0,1,-60,5]);
set(gca,'XTickMode','manual','XTick',[0,0.2,0.3,0.7,0.8]);
set(gca,'YTickMode','manual','YTick',[-60,-20,-1,0]);grid
subplot(2,2,4);zplane(bd,ad);
axis([-1.1,1.1,-1.1,1.1]);
title('零极点图');
```

程序运行结果如下:

```
n=       3
Omgn=1.0e+ 003 *    1.0191     3.9252
bd=  0.0736  -0.0000  -0.2208   0.0000   0.2208   0.0000  -0.0736
ad=  1.0000  -0.0000   0.9761  -0.0000   0.8568  -0.0000   0.2919
```

频率特性如图 6—3 所示。

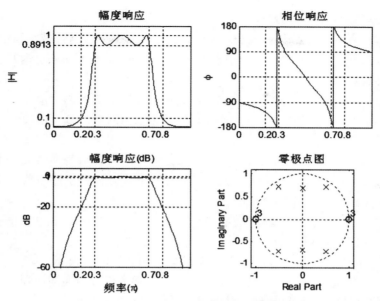

图6—3 切比雪夫I型数字带通滤波器频率特性

由频率特性曲线可知，该设计结果在通阻带截止频率处能满足 $R_p \leqslant 1$ dB、$A_s \geqslant 20$ dB 的设计指标要求，系统的极点全部在单位圆内，是一个稳定系统。由 $n=3$ 可知，由 3 阶的模拟低通滤波器原型用双线性变换法设计出来的切比雪夫I型数字带通滤波器是一个 6 阶系统。其传递函数为：

$$H(z) = \frac{0.0736 - 0.2208z^{-2} + 0.2208z^{-4} - 0.0736z^{-6}}{1 + 0.9761z^{-2} + 0.8568z^{-4} - 0.2919z^{-6}} \quad （\text{直接型})。$$

5. 用双线性变换法设计 IIR 数字带阻滤波器

例6—4 设计一个切比雪夫I型数字带阻滤波器，要求：下通带 $\omega_{p1} = 0.2\pi$，上通带 $\omega_{p2} = 0.8\pi$，$R_p = 1$ dB；阻带下限 $\omega_{s1} = 0.3\pi$，阻带上限 $\omega_{s2} = 0.7\pi$，$A_s = 20$ dB；滤波器采样频率 $F_s = 1000$ Hz。

程序清单如下：

```
ws1= 0.3* pi;ws2= 0.7* pi;      % 滤波器的阻带截止频率
wp1= 0.2* pi;wp2= 0.8* pi;      % 滤波器的通带截止频率
Rp=1;As= 20;      % 滤波器的通阻带衰减指标
% 转换为模拟滤波器的技术指标
T= 0.001;Fs= 1/T;
Omgp1=(2/T)* tan(wp1/2);Omgp2=(2/T)* tan(wp2/2);
Omgp=[Omgp1,Omgp2];
Omgs1=(2/T)* tan(ws1/2);Omgs2=(2/T)* tan(ws2/2);
```

```
Omgs=[Omgs1,Omgs2];
bw=Omgp2-Omgp1;w0=sqrt(Omgp1*Omgp2);% 模拟通带带宽和中心频率
% bw=Omgs2-Omgs1;w0=sqrt(Omgs1*Omgs2);设计 cheb2 时用模拟阻带带宽
```
和中心频率
```
ripple=10^(-Rp/20);     % 滤波器的通带衰减对应的幅度值
Attn=10^(-As/20);       % 滤波器的阻带衰减对应的幅度值
% 模拟原型滤波器计算
[n,Omgn]=cheb1ord(Omgp,Omgs,Rp,As,'s')   % 计算阶数 n 和截止频率
[z0,p0,k0]=cheb1ap(n,Rp);       % 设计归一化的模拟滤波器原型
% [n,Omgn]=cheb2ord(Omgp,Omgs,Rp,As,'s')
% [z0,p0,k0]=cheb2ap(n,As);       % 设计归一化的 cheb2 型模拟滤波器原型
ba1=k0*real(poly(z0));     % 求原型滤波器的系数 b
aa1=real(poly(p0));        % 求原型滤波器的系数 a
[ba,aa]=lp2bs(ba1,aa1,w0,bw);   % 变换为模拟带通滤波器
% 用双线性变换法计算数字滤波器系数
[bd,ad]=bilinear(ba,aa,Fs)
% 求数字系统的频率特性
[H,w]=freqz(bd,ad);
dBH=20*log10((abs(H)+eps)/max(abs(H)));
subplot(2,2,1);plot(w/pi,abs(H));
ylabel('|H|');xlabel('频率(\pi)');title('幅度响应');axis([0,1,0,
1.1]);
set(gca,'XTickMode','manual','XTick',[0,0.2,0.3,0.7,0.8]);
set(gca,'YTickMode','manual','YTick',[0,Attn,ripple,1]);grid
subplot(2,2,2);plot(w/pi,angle(H)/pi*180);
ylabel('\phi');xlabel('频率(\pi)');title('相位响应');axis([0,1,
-180,180]);
set(gca,'XTickMode','manual','XTick',[0,0.2,0.3,0.7,0.8]);
set(gca,'YTickMode','manual','YTick',[-180,-90,0,90,180]);grid
subplot(2,2,3);plot(w/pi,dBH);title('幅度响应(dB)');
ylabel('dB');xlabel('频率(\pi)');axis([0,1,-60,5]);
set(gca,'XTickMode','manual','XTick',[0,0.2,0.3,0.7,0.8]);
set(gca,'YTickMode','manual','YTick',[-60,-20,-1,0]);grid
subplot(2,2,4);zplane(bd,ad);
axis([-1.1,1.1,-1.1,1.1]);title('零极点图');
```

程序运行结果如下：

```
n=      3
Omgn=1.0e+ 003 *
0.6498          6.1554
bd=   0.0736   - 0.0000      0.2208      0.0000      0.2208   - 0.0000      0.0736
ad=   1.0000     0.0000   - 0.9761   - 0.0000      0.8568      0.0000   - 0.2919
```

频率特性如图 6—4 所示。

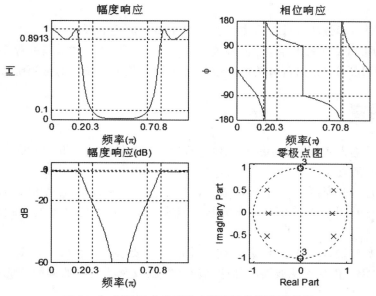

图 6—4　切比雪夫 I 型数字带阻滤波器频率特性

五、思考题

（1）什么是双线性变换法？使用双线性变换法设计数字滤波器有哪些步骤？

（2）用双线性变换法时，模拟频率与数字频率有何关系？有何影响？如何解决？

（3）用双线性变换法设计数字滤波器过程中，变换公式 $s = \dfrac{2}{T}\dfrac{1-z^{-1}}{1+z^{-1}}$ 中 T 的取值，对设计结果有无影响？为什么？

实训七　有限脉冲响应（FIR）数字滤波器实训

一、实训目的

（1）加深对窗函数法设计 FIR 数字滤波器的基本原理的理解。

（2）学习用 MATLAB 语言的窗函数法编写设计 FIR 数字滤波器的程序。

（3）了解 MATLAB 语言有关窗函数法设计 FIR 数字滤波器的常用函数用法。

二、实训内容

（1）阅读并输入实训原理中介绍的例题程序，观察输出的数据和图形，结合基本原理理解每一条语句的含义。

（2）选择合适的窗函数设计 FIR 数字低通滤波器，要求：$\omega_p = 0.2\pi$，$R_p = 0.05$ dB；$\omega_s = 0.3\pi$，$A_s = 40$ dB。描绘该滤波器的脉冲响应、窗函数及滤波器的幅频响应曲线和相频响应曲线。

（3）用凯塞窗设计一个 FIR 数字高通滤波器，要求：$\omega_p = 0.3\pi$，$R_p = 0.1$ dB；$\omega_s = 0.2\pi$，$A_s = 50$ dB。描绘该滤波器的脉冲响应、窗函数及滤波器的幅频响应曲线和相频响应曲线。

（4）选择合适的窗函数设计一个 FIR 数字带通滤波器，要求：$f_{p1} = 3.5$ kHz，$f_{p2} = 6.5$ kHz，$R_p = 0.05$ dB；$f_{s1} = 2.5$ kHz，$f_{s2} = 7.5$ kHz，$A_s = 60$ dB；滤波器采样频率 $F_s = 20$ kHz。描绘该滤波器的脉冲响应、窗函数及滤波器的幅频响应曲线和相频响应曲线。

（5）选择合适的窗函数设计一个 FIR 数字带阻滤波器，要求：$f_{p1} = 1$ kHz，$f_{p2} = 4.5$ kHz，$R_p = 0.1$ dB；$f_{s1} = 2$ kHz，$f_{s2} = 3.5$ kHz，$A_s = 40$ dB；滤波器采样频率 $F_s = 10$ kHz。描绘该滤波器的脉冲响应、窗函数及滤波器的幅频响应曲线和相频响应曲线。

三、实训仪器和设备

计算机，MATLAB 软件。

四、实训原理及步骤

1. 用窗函数法设计 FIR 数字滤波器

FIR 数字滤波器的系统函数为：

$$H(z) = \sum_{n=0}^{N-1} h(n) z^{-n} .$$

这个公式也可以看成离散 LSI 系统的系统函数

$$H(z) = \frac{Y(z)}{X(z)} = \frac{b(z)}{a(z)} = \frac{\sum_{m=0}^{M} b_m z^{-m}}{1 + \sum_{k=1}^{N} a_k z^{-k}} = \frac{b_0 + b_1 z^{-1} + b_2 z^{-2} + \cdots + b_m z^{-m}}{1 + a_1 z^{-1} + a_2 z^{-2} + \cdots + a_k z^{-k}}$$

当分母 a_0 为 1，其余 a_k 全都为 0 时的一个特例。由于极点全部集中在零点，稳定和线性相位特性是 FIR 滤波器的突出优点，因此其在实际中得到广泛使用。

FIR 滤波器的设计任务是选择有限长度的 $h(n)$，使传输函数 $H(e^{j\omega})$ 满足技术要求。主要设计方法有窗函数法、频率采样法和切比雪夫等波纹逼近法等。本实训主要介绍窗函数法。

用窗函数法设计 FIR 数字滤波器的基本步骤如下：

（1）根据过渡带和阻带衰减指标选择窗函数的类型，估算滤波器的阶数 N。

（2）由数字滤波器的理想频率响应 $H(e^{j\omega})$ 求出其单位冲激响应 $h_d(n)$。

可用自定义函数 ideal_lp 实现理想数字低通滤波器频率响应的求解。

程序清单如下：

```
function hd=ideal_lp(wc,N)    % 点 0 到 N-1 之间的理想脉冲响应
% wc=截止频率(弧度)
% N=理想滤波器的长度
tao=(N-1)/2;
n=[0:(N-1)];
m=n-tao+ eps;    % 加一个小数以避免 0 作除数
hd=sin(wc*m)./(pi*m);
```

其他选频滤波器可以由低通频响特性合成。如一个通带在 $\omega_{c1} \sim \omega_{c2}$ 之间的带通滤波器在给定 N 值的条件下，可以用下列程序实现：

```
Hd=ideal_lp(wc2,N)-ideal_lp(wc1,N)
```

（3）计算数字滤波器的单位冲激响应 $h(n) = w(n) h_d(n)$。

（4）检查设计的滤波器是否满足技术指标。

如果设计的滤波器不满足技术指标，则需要重新选择或调整窗函数的类型，估算滤波器的阶数 N。再重复前面的四个步骤，直到满足指标。

常用的窗函数有矩形窗、三角形窗、汉宁窗、哈明窗、切比雪夫窗、布莱克曼窗、凯塞窗等，MATLAB 均有相应的函数可以调用。另外，MATLAB 信号处理工具箱还提供了 fir1 函数，可以用于窗函数法设计 FIR 滤波器。

由于第一类线性相位滤波器（类型Ⅰ）能进行低通、高通、带通、带阻滤波器的设计，因此，本实训所有滤波器均采用第一类线性相位滤波器。

2. 各种窗函数特性的比较

例 7—1　　　在同一图形坐标上显示矩形窗、三角形窗、汉宁窗、哈明窗、布莱克曼窗、凯塞窗的特性曲线。

程序清单如下：

```
N= 64;beta= 7.865;n=1:N;
wbo=boxcar(N);
wtr=triang(N);
whn=hanning(N);
whm=hamming(N);
wbl=blackman(N);
wka= kaiser(N,beta);
plot(n,wbo,'-',n,wtr,'*',n,whn,'+',n,whm,'.',n,wbl,'o',n,wka,'d');
axis([0,N,0,1.1]);
legend('矩形','三角形','汉宁','哈明','布莱克曼','凯塞')
```

程序运行结果如图 7—1 所示。

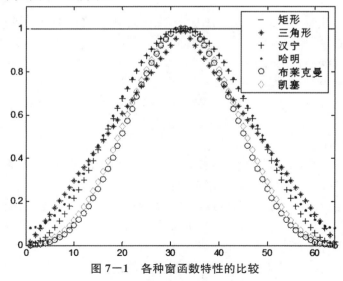

图 7—1　各种窗函数特性的比较

为了便于滤波器设计，表 7—1 给出了六种窗函数的特性参数。

表 7—1 六种窗函数的特性参数

窗函数	旁瓣峰值/dB	近似过渡带宽	精确过渡带宽	阻带最小衰减/dB
矩形窗	—13	$4\pi/N$	$1.8\pi/N$	—21
三角形窗	—25	$8\pi/N$	$6.1\pi/N$	—25
汉宁窗	—31	$8\pi/N$	$6.2\pi/N$	—44
哈明窗	—41	$8\pi/N$	$6.6\pi/N$	—53
布莱克曼窗	—57	$12\pi/N$	$11\pi/N$	—74
凯塞窗	—57	可调	$10\pi/N$	—80

3. 用窗函数法设计 FIR 数字低通滤波器

例 7—2　用矩形窗设计一个 FIR 数字低通滤波器，要求：$N=64$，截止频率 $\omega_c=0.4\pi$，描绘滤波器的理想脉冲响应和实际脉冲响应、窗函数及滤波器的幅频响应曲线。

分析：根据设计指标，查表 7—1（后同），选择矩形窗。

程序清单如下：

```
wc=0.4*pi;
N=64;n=0:N-1;
hd=ideal_lp(wc,N);
windows=(boxcar(N))';
b=hd.*windows;
[H,w]=freqz(b,1);
dBH=20*log10(abs(H)+eps)/max(abs(H));
subplot(2,2,1),stem(n,hd);
axis([0,N,1.1*min(hd),1.1*max(hd)]);title('理想脉冲响应');
xlabel('n');ylabel('hd(n)');
subplot(2,2,2);stem(n,windows);
axis([0,N,0,1.1]);title('窗函数特性');
xlabel('n');ylabel('wd(n)');
subplot(2,2,3);stem(n,b);
axis([0,N,1.1*min(b),1.1*max(b)]);title('实际脉冲响应');
xlabel('n');ylabel('h(n)');
subplot(2,2,4);plot(w/pi,dBH);
axis([0,1,-80,10]);title('幅度频率响应');
xlabel('频率(单位:\pi)');ylabel('H(e^{j\omega})');
set(gca,'XTickMode','manual','XTick',[0,wc/pi,1]);
set(gca,'YTickMode','manual','YTick',[-50,-20,-3,0]);grid
```

程序运行结果如图7—2所示。

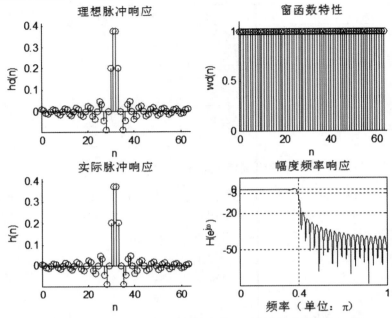

图7—2　滤波器的脉冲响应、矩形窗函数及滤波器的幅频响应曲线

例7—3　选择合适的窗函数设计一个 FIR 数字低通滤波器，要求：通带截止频率为 $\omega_p=0.3\pi$，$R_p=0.05$ dB；阻带截止频率为 $\omega_s=0.45\pi$，$A_s=50$ dB。描绘该滤波器的脉冲响应、窗函数及滤波器的幅频响应曲线和相频响应曲线。

分析：根据设计指标，选择哈明窗。

程序清单如下：

```
wp= 0.3* pi;ws= 0.45* pi;deltaw=ws-wp;N0= ceil(6.6* pi/deltaw);
N=N0+ mod(N0+ 1,2)   % 为实现 FIR 类型 1 偶对称滤波器,应确保 N 为奇数
windows=(hamming(N))';wc=(ws+ wp)/2;
hd= ideal_lp(wc,N);b=hd.* windows;
[dB,mag,pha,grd,w]= freqz_m(b,1);n=0:N-1;dw=2* pi/1000;
Rp=-(min(dB(1:wp/dw+ 1)))   % 检验通带波动
As=- round(max(dB(ws/dw+ 1:501)))   % 检验最小阻带衰减
subplot(2,2,1);stem(n,b);axis([0,N,1.1* min(b),1.1* max(b)]);
title('实际脉冲响应');
xlabel('n');ylabel('h(n)');subplot(2,2,2);stem(n,windows);
axis([0,N,0,1.1]);title('窗函数特性');xlabel('n');ylabel('wd(n)');
subplot(2,2,3);plot(w/pi,dB);axis([0,1,-80,10]);title('幅度频率响应');
```

```
xlabel('频率(单位:\pi)');ylabel('H(e^{j\omega})');
set(gca,'XTickMode','manual','XTick',[0,wp/pi,ws/pi,1]);
set(gca,'YTickMode','manual','YTick',[-50,-20,-3,0]);grid
subplot(2,2,4);plot(w/pi,pha);axis([0,1,-4,4]);title('相位频率响应');
xlabel('频率(单位:\pi)');ylabel('\phi(\omega)');
set(gca,'XTickMode','manual','XTick',[0,wp/pi,ws/pi,1]);
set(gca,'YTickMode','manual','YTick',[-3.1416,0,3.1416,4]);grid
```

程序运行结果如下：

N=	45
Rp=	0.0428
As=	50

特性曲线如图 7—3 所示。

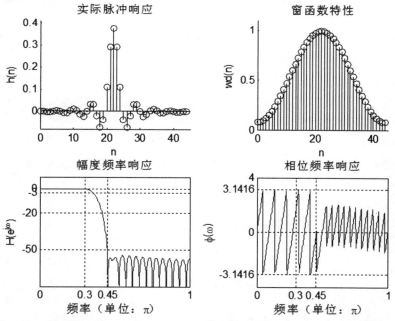

图 7—3　滤波器的脉冲响应、哈明窗函数及滤波器的幅频响应、相频响应曲线

例 7—4　用 MATLAB 信号处理工具箱的 fir1 函数设计一个 FIR 数字低通滤波器，要求：通带截止频率为 $\omega_p = 0.3\pi$，$R_p = 0.05$ dB；阻带截止频率为 $\omega_s = 0.45\pi$，$A_s = 50$ dB。

分析：根据设计指标，选择哈明窗。

程序清单如下：

```
wp=0.3*pi;ws=0.45*pi;
deltaw=ws-wp;
N0=ceil(6.6*pi/deltaw);
```

```
N=N0+mod(N0+1,2)   % 为实现 FIR 类型 1 偶对称滤波器,应确保 N 为奇数
windows=hamming(N);   % 使用哈明窗,此句可省略
wc=(ws+wp)/2/pi;   % 截止频率取归一化通阻带频率的平均值
b=fir1(N-1,wc,windows);   % 用 fir1 函数求系统函数系数,windows 可省略
[dB,mag,pha,grd,w]=freqz_m(b,1);
n=0:N-1;dw=2*pi/1000;
Rp=-(min(dB(1:wp/dw+1)))   % 检验通带波动
As=-round(max(dB(ws/dw+1:501)))   % 检验最小阻带衰减
```

其余部分与例 7—3 完全相同。

4. 用窗函数法设计 FIR 数字高通滤波器

例 7—5　　选择合适的窗函数设计一个 FIR 数字高通滤波器,要求:通带截止频率为 $\omega_p=0.45\pi$, $R_p=0.5$ dB;阻带截止频率为 $\omega_s=0.3\pi$, $A_s=20$ dB。描绘该滤波器的脉冲响应、窗函数及滤波器的幅频响应曲线和相频响应曲线。

分析:根据设计指标,选择三角形窗。

程序清单如下:

```
wp=0.45*pi;ws=0.3*pi;
deltaw=wp-ws;
N0=ceil(6.1*pi/deltaw);
N=N0+mod(N0+1,2)   % 为实现 FIR 类型 1 偶对称滤波器,应确保 N 为奇数
windows=(triang(N))';
wc=(ws+wp)/2;
hd=ideal_lp(pi,N)-ideal_lp(wc,N);
b=hd.*windows;
[dB,mag,pha,grd,w]=freqz_m(b,1);
n=0:N-1;dw=2*pi/1000;
Rp=-(min(dB(wp/dw+1:501)))   % 检验通带波动
As=-round(max(dB(1:ws/dw+1)))   % 检验最小阻带衰减
subplot(2,2,1);stem(n,b);
axis([0,N,1.1*min(b),1.1*max(b)]);title('实际脉冲响应');
xlabel('n');ylabel('h(n)');
subplot(2,2,2);stem(n,windows);
axis([0,N,0,1.1]);title('窗函数特性');
xlabel('n');ylabel('wd(n)');
subplot(2,2,3);plot(w/pi,dB);
```

```
axis([0,1,-40,2]);title('幅度频率响应');
xlabel('频率(单位:\pi)');ylabel('H(e^{j\omega})');
set(gca,'XTickMode','manual','XTick',[0,ws/pi,wp/pi,1]);
set(gca,'YTickMode','manual','YTick',[-20,-3,0]);grid
subplot(2,2,4);plot(w/pi,pha);
axis([0,1,-4,4]);title('相位频率响应');
xlabel('频率(单位:\pi)');ylabel('\phi(\omega)');
set(gca,'XTickMode','manual','XTick',[0,ws/pi,wp/pi,1]);
set(gca,'YTickMode','manual','YTick',[-pi,0,pi]);grid
```

程序运行结果如下：

```
N=        41
Rp=       0.3625
As=       25
```

特性曲线如图 7—4 所示。

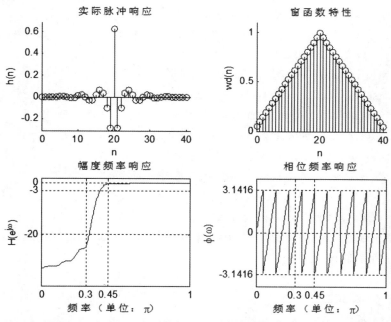

图 7—4　滤波器的脉冲响应、三角形窗函数及滤波器的幅频响应、相频响应曲线（1）

例 7—6　用 MATLAB 信号处理工具箱提供的 fir1 函数设计一个 FIR 数字高通滤波器，要求：通带截止频率为 $f_p = 450$ Hz，$R_p = 0.5$ dB；阻带截止频率为 $f_s = 300$ Hz，$A_s = 20$ dB；采样频率 $F_s = 2000$ Hz。描绘该滤波器的脉冲响应、窗函数及滤波器的幅频响应曲线和相频响应曲线。

分析：根据设计指标，选择三角形窗。

程序清单如下：

```
fs=300;fp=450;Fs=2000;
ws=fs/(Fs/2)*pi;wp=fp/(Fs/2)*pi;deltaw=wp-ws;
N0=ceil(6.1*pi/deltaw);N=N0+mod(N0+1,2)
windows=triang(N);wc=(ws+wp)/2/pi;
b=fir1(N-1,wc,'high',windows);
[dB,mag,pha,grd,w]=freqz_m(b,1);
n=0:N-1;dw=2*pi/1000;
Rp=-(min(dB(wp/dw+1:501)))        % 检验通带波动
As=-round(max(dB(1:ws/dw+1)))     % 检验最小阻带衰减
subplot(2,2,1);stem(n,b);
axis([0,N,1.1*min(b),1.1*max(b)]);
title('实际脉冲响应');xlabel('n');ylabel('h(n)');
subplot(2,2,2);stem(n,windows);
axis([0,N,0,1.1]);title('窗函数特性');xlabel('n');ylabel('wd(n)');
subplot(2,2,3);plot(w/2/pi*Fs,dB);
axis([0,Fs/2,-40,2]);title('幅度频率响应');
xlabel('f( Hz)');ylabel('H(e^{j\omega})');
set(gca,'XTickMode','manual','XTick',[0,fs,fp,Fs/2]);
set(gca,'YTickMode','manual','YTick',[-20,-3,0]);grid
subplot(2,2,4);plot(w/2/pi*Fs,pha);
axis([0,Fs/2,-4,4]);title('相位频率响应');
xlabel('f( Hz)');ylabel('\phi(\omega)');
set(gca,'XTickMode','manual','XTick',[0,fs,fp,Fs/2]);
set(gca,'YTickMode','manual','YTick',[-pi,0,pi]);grid
```

程序运行结果如下：

```
N=        41
Rp=       0.3625
As=       25
```

特性曲线如图7-5所示。

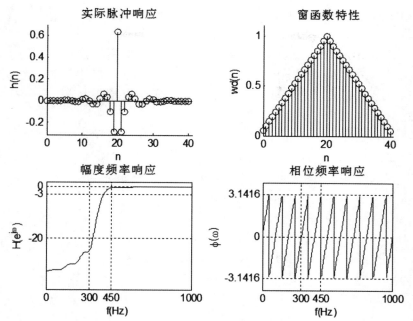

图 7-5 滤波器的脉冲响应、三角形窗函数及滤波器的幅频响应、相频响应曲线（2）

5. 用窗函数法设计 FIR 带通数字滤波器

例 7-7 选择合适的窗函数设计一个 FIR 数字带通滤波器，要求：下阻带截止频率为 $\omega_{s1}=0.2\pi$，$A_s=65$ dB；通带低端截止频率 $\omega_{p1}=0.3\pi$，$R_p=0.05$ dB；通带高端截止频率 $\omega_{p2}=0.7\pi$，$R_p=0.05$ dB；上阻带截止频率为 $\omega_{s2}=0.8\pi$，$A_s=65$ dB。描绘该滤波器的脉冲响应、窗函数及滤波器的幅频响应曲线和相频响应曲线。

分析：根据设计指标，选择布莱克曼窗。

程序清单如下：

```
wp1=0.3* pi;wp2=0.7* pi;
ws1=0.2* pi;ws2=0.8* pi;
wp=[wp1,wp2];
ws=[ws1,ws2];
deltaw=wp1-ws1;
N0=ceil(11*pi/deltaw);
N=N0+mod(N0+1,2)   % 为实现 FIR 类型 1 偶对称滤波器,应确保 N 为奇数
windows=(blackman(N))';
wc1=(ws1+wp1)/2;wc2=(ws2+wp2)/2;
hd=ideal_lp(wc2,N)-ideal_lp(wc1,N);
b=hd.* windows;
```

```
[dB,mag,pha,grd,w]=freqz_m(b,1);
n=0:N-1;dw=2*pi/1000;
Rp=-(min(dB(wp1/dw+1:wp2/dw+1)))    % 检验通带波动
ws0=[1:ws1/dw+1,ws2/dw+1:501];      % 建立阻带频率样点数组
As=-round(max(dB(ws0)))   % 检验最小阻带衰减
subplot(2,2,1);stem(n,b);
axis([0,N,1.1*min(b),1.1*max(b)]);title('实际脉冲响应');
xlabel('n');ylabel('h(n)');
subplot(2,2,2);stem(n,windows);
axis([0,N,0,1.1]);title('窗函数特性');
xlabel('n');ylabel('wd(n)');
subplot(2,2,3);plot(w/pi,dB);
axis([0,1,-150,10]);title('幅度频率响应');
xlabel('频率(单位:\pi)');ylabel('H(e^{j\omega})');
set(gca,'XTickMode','manual','XTick',[0,ws1/pi,wp1/pi,wp2/pi,
ws2/pi,1]);
set(gca,'YTickMode','manual','YTick',[-100,-65,-20,-3,0]);grid
subplot(2,2,4);plot(w/pi,pha);
axis([0,1,-4,4]);title('相位频率响应');
xlabel('频率(单位:\pi)');ylabel('\phi(\omega)');
set(gca,'XTickMode','manual','XTick',[0,ws1/pi,wp1/pi,wp2/pi,
ws2/pi,1]);
set(gca,'YTickMode','manual','YTick',[-pi,0,pi]);grid
```

程序运行结果如下：

```
N=111
Rp=0.0033
As=73
```

特性曲线如图 7—6 所示。

注意：带通滤波器的设计指标中，两边过渡带的宽度一般应该一致，deltaw 可以由任意一边的带宽来确定。如果两边过渡带的宽度不一致，则应求两个过渡带中较小的一个作为设计依据（带阻滤波器的设计同此），此时，deltaw 一句改为：

```
deltaw=min((wp1-ws1),(ws2-wp2));
```

由程序运行结果可见，用布莱克曼窗设计的结果不仅满足指标要求，且具有很小的通带波动、很高的阻带衰减，过渡带很窄。

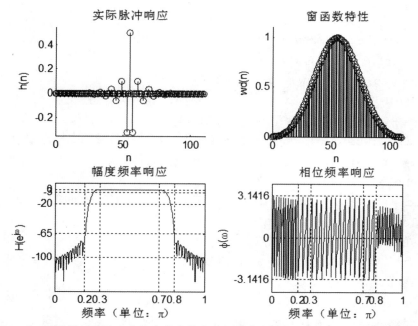

图 7-6　滤波器的脉冲响应、布莱克曼窗函数及滤波器的幅频响应、相频响应曲线

例 7-8　用 MATLAB 信号处理工具箱提供的 fir1 函数设计一个 FIR 数字带通滤波器，要求：下阻带截止频率为 $f_{s1}=100$ Hz，$A_s=65$ dB；通带低端截止频率 $f_{p1}=150$ Hz，$R_p=0.05$ dB；通带高端截止频率 $f_{p2}=350$ Hz，$R_p=0.05$ dB；上阻带截止频率为 $f_{s2}=400$ Hz，$A_s=65$ dB；采样频率 $F_s=1000$ Hz。描绘该滤波器的脉冲响应、窗函数及滤波器的幅频响应曲线和相频响应曲线。

分析：根据设计指标，选择布莱克曼窗。

程序清单如下：

```
fp1=150;fp2=350;
fs1=100;fs2=400;
Fs=1000;
ws1=fs1/(Fs/2)*pi;
ws2=fs2/(Fs/2)*pi;
wp1=fp1/(Fs/2)*pi;
wp2=fp2/(Fs/2)*pi;
deltaw=wp1-ws1;
N0=ceil(11*pi/deltaw);
N=N0+mod(N0+1,2)   % 为实现 FIR 类型 1 偶对称滤波器,应确保 N 为奇数
windows=blackman(N);
```

```
wc1=(ws1+wp1)/2/pi;
wc2=(ws2+wp2)/2/pi;
b=fir1(N-1,[wc1,wc2],windows);
[dB,mag,pha,grd,w]=freqz_m(b,1);
n=0:N-1;dw=2*pi/1000;
Rp=-(min(dB(wp1/dw+1:wp2/dw+1)))    % 检验通带波动
ws0=[1:ws1/dw+1,ws2/dw+1:501];         % 建立阻带频率样点数组
As=-round(max(dB(ws0)))   % 检验最小阻带衰减
subplot(2,2,1);stem(n,b);
axis([0,N,1.1*min(b),1.1*max(b)]);title('实际脉冲响应');
xlabel('n');ylabel('h(n)');
subplot(2,2,2);stem(n,windows);
axis([0,N,0,1.1]);title('窗函数特性');
xlabel('n');ylabel('wd(n)');
subplot(2,2,3);plot(w/pi,dB);
axis([0,1,-150,10]);title('幅度频率响应');
xlabel('频率(单位:\pi)');ylabel('H(e^{j\omega})');
set(gca,'XTickMode','manual','XTick',[0,fs1,fp1,fp2,fs2,500]);
set(gca,'YTickMode','manual','YTick',[-150,-40,-3,0]);grid
subplot(2,2,4);plot(w/pi,pha);
axis([0,1,-4,4]);title('相位频率响应');
xlabel('频率(单位:\pi)');ylabel('\phi(\omega)');
set(gca,'XTickMode','manual','XTick',[0,fs1,fp1,fp2,fs2,500]);
set(gca,'YTickMode','manual','YTick',[-pi,0,pi]);grid
```

程序运行结果如下：

```
N=      111
Rp=     0.0033
As=     73
```

特性曲线如图 7—7 所示。

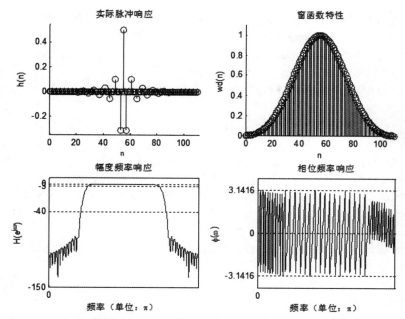

图 7－7 fir1 函数设计 FIR 数字带通滤波器的脉冲响应、布莱克曼窗函数及
滤波器的幅频响应、相频响应曲线

6. 窗函数法设计 FIR 数字带阻滤波器

例 7－9　选择合适的窗函数设计一个 FIR 数字带阻滤波器，要求：下通带截止频率为 $w_{p1}=0.2\pi$，$R_p=0.1$ dB；阻带低端截止频率 $w_{s1}=0.3\pi$，$A_s=40$ dB；阻带高端截止频率 $w_{s2}=0.7\pi$，$A_s=40$ dB；上通带截止频率为 $w_{p2}=0.8\pi$，$R_p=0.1$ dB。描绘该滤波器的脉冲响应、窗函数及滤波器的幅频响应曲线和相频响应曲线。

分析：根据设计指标选择汉宁窗。

程序清单如下：

```
wp1=0.2*pi;wp2=0.8*pi;ws1=0.3*pi;ws2=0.7*pi;
wp=[wp1,wp2];ws=[ws1,ws2];deltaw=ws1-wp1;
N0=ceil(6.2*pi/deltaw);N=N0+mod(N0+1,2)
windows=(hanning(N))';
wc1=(ws1+wp1)/2;wc2=(ws2+wp2)/2;
hd=ideal_lp(wc1,N)+ideal_lp(pi,N)-ideal_lp(wc2,N);   % 建立理想带阻
b=hd.*windows;
[dB,mag,pha,grd,w]=freqz_m(b,1);
n=0:N-1;dw=2*pi/1000;
wp0=[1:wp1/dw+1,wp2/dw+1:501];   % 建立通带频率样点数组
As=-round(max(dB(ws1/dw+1:ws2/dw+1)))   % 检验最小阻带衰减
Rp=-(min(dB(wp0)))   % 检验通带波动
subplot(2,2,1);stem(n,b);axis([0,N,1.1*min(b),1.1*max(b)]);
```

```
    title('实际脉冲响应');xlabel('n');ylabel('h(n)');
    subplot(2,2,2);stem(n,windows);
    axis([0,N,0,1.1]);title('窗函数特性');xlabel('n');ylabel('wd(n)');
    subplot(2,2,3);plot(w/pi,dB);axis([0,1,-150,10]);
    title('幅度频率响应');xlabel('频率(单位:\pi)');
ylabel('H(e^{j\omega})');
    set(gca,'XTickMode','manual','XTick',[0,wp1/pi,ws1/pi,ws2/pi,
wp2/pi,1]);
    set(gca,'YTickMode','manual','YTick',[-150,-40,-3,0]);grid
    subplot(2,2,4);plot(w/pi,pha);axis([0,1,-4,4]);
    title('相位频率响应');xlabel('频率(单位:\pi)');ylabel('\phi(\omega)');
    set(gca,'XTickMode','manual','XTick',[0,wp1/pi,ws1/pi,ws2/pi,
wp2/pi,1]);
    set(gca,'YTickMode','manual','YTick',[-pi,0,pi]);grid
```

程序运行结果如下：

```
    N=        63
    As=       44
    Rp=       0.0887
```

特性曲线如图 7—8 所示。

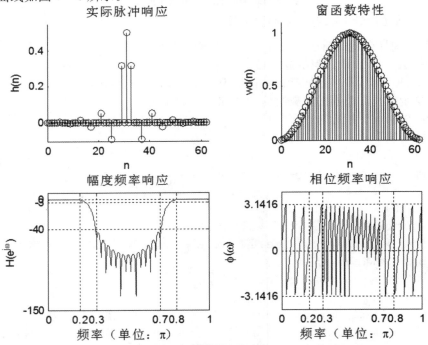

图 7—8　FIR 数字带阻滤波器的脉冲响应、汉宁窗函数及
滤波器的幅频响应、相频响应曲线

例 7－10　用凯塞窗设计一个长度为 75 的 FIR 数字滤波器，要求：下通带截止频率为 $\omega_{p1}=0.2\pi$，$R_p=0.1$ dB；阻带低端截止频率 $\omega_{s1}=0.3\pi$，$A_s=60$ dB；阻带高端截止频率 $\omega_{s2}=0.7\pi$，$A_s=60$ dB；上通带截止频率为 $\omega_{p2}=0.8\pi$，$R_p=0.1$ dB。描绘该滤波器的脉冲响应、窗函数及滤波器的幅频响应曲线和相频响应曲线。

分析：凯塞窗参数 $\beta=0.112\times(A_s-8.7)$。用 fir1 函数进行设计。

程序清单如下：

```
N=75;As=60;
wp1=0.2*pi;wp2=0.8*pi;ws1=0.3*pi;ws2=0.7*pi;
beta=0.112*(As-8.7)
windows=kaiser(N,beta);
wc1=(ws1+wp1)/2/pi;wc2=(ws2+wp2)/2/pi;
b=fir1(N-1,[wc1,wc2],'stop',windows);
[dB,mag,pha,grd,w]=freqz_m(b,1);
n=0:N-1;dw=2*pi/1000;
wp0=[1:wp1/dw+1,wp2/dw+1:501];   % 建立通带频率样点数组
As=-round(max(dB(ws1/dw+1:ws2/dw+1)))   % 检验最小阻带衰减
Rp=-(min(dB(wp0)))   % 检验通带波动
subplot(2,2,1);stem(n,b);
axis([0,N,1.1*min(b),1.1*max(b)]);title('实际脉冲响应');
xlabel('n');ylabel('h(n)');
subplot(2,2,2);stem(n,windows);
axis([0,N,0,1.1]);title('窗函数特性');
xlabel('n');ylabel('wd(n)');
subplot(2,2,3);plot(w/pi,dB);
axis([0,1,-150,10]);title('幅度频率响应');
xlabel('频率(单位:\pi)');ylabel('H(e^{j\omega})');
set(gca,'XTickMode','manual','XTick',[0,wp1/pi,ws1/pi,ws2/pi,
wp2/pi,1]);
set(gca,'YTickMode','manual','YTick',[-150,-40,-3,0]);grid
subplot(2,2,4);plot(w/pi,pha);
axis([0,1,-4,4]);title('相位频率响应');
xlabel('频率(单位:\pi)');ylabel('\phi(\omega)');
set(gca,'XTickMode','manual','XTick',[0,wp1/pi,ws1/pi,ws2/pi,
wp2/pi,1]);
set(gca,'YTickMode','manual','YTick',[-pi,0,pi]);grid
```

程序运行结果如下：

```
beta=        5.7456
As=          61
Rp=          0.0144
```

特性曲线如图 7—9 所示。

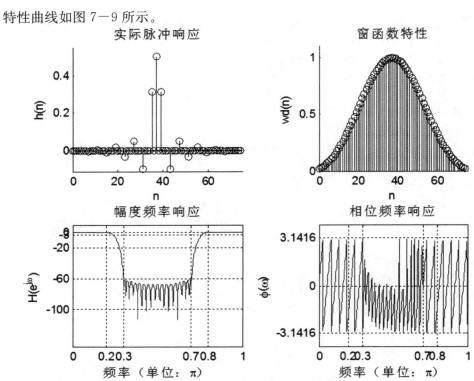

图 7—9 滤波器的脉冲响应、凯塞窗函数及滤波器的幅频响应、相频响应曲线

注意：如果不满足设计指标要求，可适当增加凯塞窗的长度。

五、思考题

（1）列出用窗函数法设计 FIR 数字滤波器的基本方法，并写出不同方法设计低通、高通、带通、带阻滤波器的主要程序语句。

（2）如果给定通带截止频率和阻带截止频率以及阻带最小衰减，如何用窗函数法设计线性相位低通滤波器？写出设计步骤。

实训八　数字信号处理课程设计实训

一、课程设计目的

　　课程设计是综合性课程实践环节，要求学生综合运用本课程的理论知识进行数字信号处理分析设计，并利用 MATLAB 仿真平台完成课题任务，从而复习和巩固课堂所学理论知识，提高对所学知识的综合应用能力。

二、课程设计总体安排

1. 分组与选题

　　一个题目一组（最多 6 个人）。

2. 提交课程设计报告

　　授课结束时，提交经过上机验证结果的课程设计报告。按要求提交课程设计报告电子版（文件名格式：学号＋姓名＋题目）和打印版各 1 份（每人 1 份）。

三、课程设计选题

　　数字信号处理课程设计，老师提供若干个题目（模板如下），只给出总体的基本要求，而对每个题目的具体实现方法不做限制，另由学生自拟若干个题目，鼓励学生积极创新。

　　题目 1：语音信号处理设计（模板）

　　指标要求：

　　（1）实现语音的采集，分析不同类型语音信号频谱分布的特点。

　　（2）实现两种不同类型语音信号的合成，如女生读"a"，男生读"b"，合成结果是发出女生的"b"。

　　（3）其他。

四、课程设计步骤

　　以语音信号处理为例，基本设计步骤如下（其他题目参考以下步骤）：

　　（1）查阅资料，明确题目要求，确定系统功能和实现方法。

（2）基于 MATLAB 软件对系统功能和算法进行设计和仿真，确保设计思路的正确性。

①语音信号的采集。基于 MATLAB 完成声音（wave）录制、播放、存储和读取。

②语音信号的频谱分析。画出语音信号的时域波形；然后对语音信号进行快速傅里叶变换，得到信号的频谱特性，从而加深对频谱特性的理解。

③设计数字滤波器并画出其频率响应。根据语音信号的频域特性，选择合理的滤波器参数，并分析不同性能指标下滤波器的频响特性。

④用滤波器对语音信号进行滤波。用设计的各种滤波器对信号进行滤波处理，比较滤波前后语音信号的波形及频谱，并实现语音的播放功能。

五、课程设计报告要求

1. 课程设计报告（3000～4000 字）

课程设计报告主要包括封面、目录、摘要和正文。以下简述正文的组成。

1）设计内容

设计内容简述本设计的任务和要求，可参照任务书和指导书。

2）设计原理

设计原理简述设计过程中涉及的基本理论知识。

3）设计过程

设计过程按设计步骤详细介绍设计过程，即任务书和指导书中指定的各项任务。

（1）程序源代码：给出完整源程序清单。

（2）调试分析过程描述：包括测试数据、测试输出结果，以及对程序调试过程中存在问题的思考（列出主要问题的出错现象、出错原因、解决方法及效果等）。

（3）结果分析：对程序结果进行分析，并与理论分析进行比较。

4）结论

结论包括课程设计过程中的学习体会与收获、建议等内容。

5）参考文献

在报告最后列出使用到的参考文献。

2. 附件

可以将设计中得出的波形图和频谱图作为附件，在课程设计报告中涉及相应图形时，注明相应图形在附件中的位置即可；也可不要附件，所有内容全部包含在课程设计报告中。所有的实训结果图形都必须有横纵坐标标注，必须有图序和图题。

六、考核方法及成绩评定

1. 考核方式

成绩考核由两大部分组成：课程设计报告，程序设计报告和上机调试结果报告。

2. 成绩考核标准

以实际操作技能和分析解决问题的能力为主，成绩考核内容各单项所占分数比例为：课程设计报告，占比 60%；上机实训，占比 40%。

3. 成绩等级

优：能圆满完成任务书所规定的各项任务，对所研究的问题分析、计算、论证能力强，在某些方面有一定的独到见解；说明书、图纸规范，质量高；完成的软硬件达到或高于规定的性能指标；语言简洁、准确、流畅，文档齐全，书写规范。

良：能完成任务书所规定的各项任务，对所研究的问题分析、计算、论证能力较强，某些见解有一定新意；说明书、图纸符合规范，质量较高；完成的软硬件基本达到规定的性能指标；语言准确、流畅，文档齐全，书写规范。

中：能完成任务书所规定的各项任务，对所研究的问题表现出一定的分析、计算、论证能力；说明书、图纸质量一般；完成的软硬件尚能达到规定的性能指标；语言较准确，文档基本齐全，书写比较规范。

及格：基本完成任务书所规定的各项任务，对所研究的问题能进行分析、计算、论证；说明书、图纸不够完整；完成的软硬件性能较差；语言较准确，书写尚规范。

不及格：未完成任务书所规定的各项任务，对所研究的问题分析、计算、论证很少；说明书、图纸质量较差或有抄袭现象；完成的软硬件性能差；内容空泛，表述不清。

第一部分小结

MATLAB 仿真实训部分，经历信号与信号处理、时域中的离散时间信号与系统、变换域中的离散时间信号、连续时间信号的数字处理、数字滤波器的结构与设计、数字信号处理应用等实训，学生能够熟练完成数字信号处理的实训任务，可以发挥自己的实训技能，达到更好地理解理论知识、提高编程能力、培养钻研精神的目的，提高对所学知识的综合应用能力，并从实践上初步掌握对实际信号的处理能力。

第二部分 数字信号处理 DSP 硬件实训

数字信号处理器（Digital Signal Processor，DSP）是一种专门为实时、快速实现各种数字信号处理算法而设计的具有特殊结构的微处理器。DSP 芯片已成为集成电路中发展最快的电子产品之一。DSP 芯片迅速成为众多电子产品的核心器件，DSP 系统也被广泛地应用于当今技术革命的各个领域——通信电子、信号处理、自动控制、雷达、军事、航空航天、医疗、家用电器、电力电子。可以说，基于 DSP 技术的开发应用正在成为数字时代应用技术领域的潮流。

本课程 DSP 实训部分采用 TMS320F28335 和 TMS320VC5510A 双模块数字信号处理综合实训系统，见附录 A。

TMS320F28335 为哈佛结构的 DSP，其结构特点为：使用两个独立的存储器模块，分别存储指令和数据，每个存储模块都不允许指令和数据并存，以便实现并行处理；具有一条独立的地址总线和一条独立的数据总线，利用公用地址总线访问两个存储模块（程序存储模块和数据存储模块），公用数据总线则被用来完成程序存储模块或数据存储模块与 CPU 之间的数据传输。TMS320F28335 上有 1 个 12 位 A/D 转换器，其前端为 2 个 8 选 1 多路切换器和 2 路同时采样/保持器，构成 16 个模拟输入通道，模拟通道的切换由硬件自动控制，并将各模拟通道的转换结果顺序存入 16 个结果寄存器中。芯片自身不带 D/A 转换器，所以需要外加 D/A 转换芯片。

TMS320C55XX 系列是低功耗 16 位定点数字信号处理器；TMS320C55x 数字信号处理器 CPU 内部通过增加功能单元增强了 DSP 的运算能力，具有更高的性能和更低的功耗。这些特点使之在无线通信、便携式个人数字系统及高效率的多通道数字压缩语音电话系统中得到广泛应用。

本课程要求学生熟知 DSP 硬件系统工作原理和软件编程方法，通过实训达到使学生更好地理解理论知识、提高编程能力、培养严谨工作精神的目的。学生在熟练掌握 DSP 理论内容的基础上，能够独立完成本教程所列的 DSP 实训任务。通过增加 DSP 课程设计综合性实践环节，学生可以综合运用本课程的理论知识进行实际信号 DSP 系统实现，提高对所学知识的综合应用能力。

DSP 硬件实训部分包含如下实训：

实训九 正弦信号发生器实训

实训十 模拟调制解调实训

实训十一 快速傅里叶变换（FFT）实训

实训九　正弦信号发生器实训

一、实训目的

　　了解正弦波的产生与波的幅度调整方法，通过实训掌握信号产生的一般方法，学习如何用图形显示的方法调试程序，为以后的学习打下基础。

二、实训内容

　　用四分之一（第一象限）的正弦波输出一个幅值可调的完整正弦波，使用一张正弦波产生的数据表来实现。最后通过 View→Graph 将产生的波形显示出来，直观得到结果。

三、实训仪器和设备

　　计算机，DSP 硬件仿真器，DSP 教学实训平台，采用 TMS320VC5510A 模块。

四、实训原理及步骤

1. 实训原理

　　常见产生正弦波的方法有 3 种：采样回放法、查表法和泰勒级数展开法。

　　采样回放法容易实现，但系统的扩展性差，且没有充分利用 DSP 的数据计算处理能力。查表法的精度受表的大小影响较大，表越大精度越高，但是存储量也越大。泰勒级数展开法是一种有效的方法，该方法需要的存储单元很少，而且精度更高。一个角度为 θ 的正弦函数和余弦函数，展开成 5 项泰勒级数如下：

$$\sin\theta = x - \frac{x^3}{3!} + \frac{x^5}{5!} - \frac{x^7}{7!} + \frac{x^9}{9!} = x\left\{1 - \frac{x^2}{2\times3}\left\{1 - \frac{x^2}{4\times5}\left[1 - \frac{x^2}{6\times7}\left(1 - \frac{x^2}{8\times9}\right)\right]\right\}\right\},$$

$$\cos\theta = 1 - \frac{x^2}{2!} + \frac{x^4}{4!} - \frac{x^6}{6!} + \frac{x^8}{8!} = 1 - \frac{x^2}{2}\left\{1 - \frac{x^2}{3\times4}\left[1 - \frac{x^2}{5\times6}\left(1 - \frac{x^2}{7\times8}\right)\right]\right\}.$$

式中：x 为 θ 的弧度值，$x = 2\pi f / f_s$（f_s 是采样频率，f 是所要产生信号的频率）。

　　参考 C 语言例程：

```
//* * * * * * * * * * * * * * * * * * * * * * * * * * * * * * *
//Description: This application uses Probe Points to obtain input
//(a sine wave). It then takes this signal,and applies a gain
//factor to it.
//Filename: Sine.c
//* * * * * * * * * * * * * * * * * * * * * * * * * * * * * * *

# include < stdio.h>
# include < math.h>
# include "sine.h"

//gain control variable
int gain= INITIALGAIN;

//declare and initalize a IO buffer
BufferContents currentBuffer;

//Define some functions
static void processing( );  //process the input and generate output
static void dataIO( );  //dummy function to be used with ProbePoint

void main( )
{
    puts("SineWave example started.\n");
        while(TRUE)//loop forever
    {
        /*  Read input data using a probe-point connected to a host
file.
         Write output data to a graph connected through a probe-point. */
        dataIO( );

        /* Apply the gain to the input to obtain the output */
```

```
        processing( );
    }
}


/*
* FUNCTION:  Apply signal processing transform to input signal
*                to generate output signal
*  PARAMETERS:    BufferContents  struct  containing  input/output
                arrays of size BUFFSIZE
* RETURN VALUE:  none.
*/
static void processing( )
{
    int size= 0;    //BUFFSIZE=> 0
    while(size< BUFFSIZE)
    {
      currentBuffer.input[size]= sin(0.0628* size);  //新加一个周期
的正弦波
        currentBuffer. output[size]= currentBuffer. input[size] *
gain;  //apply gain to input
        size+ + ;  //新加
    }
}


/*
* FUNCTION:  Read input signal and write processed output signal
*                using ProbePoints
* PARAMETERS: none.
* RETURN VALUE: none.
*/
static void dataIO( )
{
    /* do data I/O */
    return;
}
```

2. 实训步骤

（1）①DSP 实训箱插入 220V 电源线，开发板上电；②连接仿真器（USB 数据线一端连计算机 USB 口，另一端连 DSP 仿真器方形 USB 口，14 芯扁平线一端连 DSP 仿真器，另一端连开发板 DSPJTAG1）；③在计算机上双击 CCS3.1，并连接仿真器与开发板：Debug→Connect，左下角图标 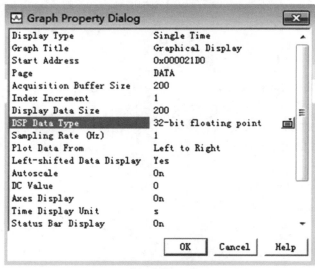 由红色变绿色表示连接成功；④打开工程 project→OPEN，找到 *.pjt。

（2）Project→Build 或 Rebuild ALL，编译连接；也可跳到下一步，直接加载 .out 文件。

（3）File→Load Program，加载 debug 目录下的 .out 文件。

（4）Debug→GO Main。

（5）Debug→RUN 全速运行。

（6）选择 View→Watch Window，在 main（ ）找到结构体 currentBuffer，单击右键选择 Add to Watch Window，如图 9－1 所示。

Name	Value	Type	Radix
currentBuffer	{...}	BufferContents	hex
input	0x000021D0	float[100]	hex
output	0x00002298	float[100]	hex

图 9－1　Watch Window（观察窗口）

（7）编译器左下角显示出结构体 currentBuffer 的成员变量为两个数组，可以看到数组的起始地址。

（8）选择 View→Graph→Time/Frequency，如图 9－2 所示。

Graph Property Dialog	
Display Type	Single Time
Graph Title	Graphical Display
Start Address	0x000021D0
Page	DATA
Acquisition Buffer Size	200
Index Increment	1
Display Data Size	200
DSP Data Type	32-bit floating point
Sampling Rate (Hz)	1
Plot Data From	Left to Right
Left-shifted Data Display	Yes
Autoscale	On
DC Value	0
Axes Display	On
Time Display Unit	s
Status Bar Display	On

OK　Cancel　Help

图 9－2　取缓冲区大小为 1024

（9）在 Start Address 栏里输入结构体 currentBuffer 中 input 数组的起始地址 0x003F9080，由于 output 数组的地址紧接着 input 数组，所以在 Acquisition Buffer Size 栏里填写 1024，即可以把输入波形和输出波形显示在一个图形里面，Display Data Size 选择 1024（与两个数组总长度一致），DSP Data Type 选择 16－bit signed integer，其他默认，点击 OK。结果如图 9－3 所示。

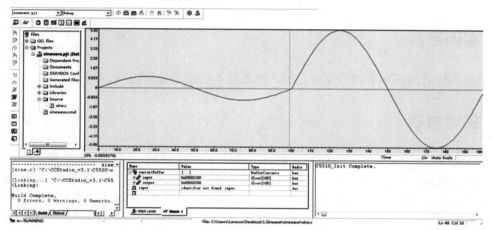

图 9－3　输出波形

可见输出正弦波幅度是输入正弦波幅度的两倍，与程序中的放大倍数一致。可以自行改变放大倍数，再重新观察（在头文件 sin．h 中修改♯define BUFFSIZE 0x64//一个周期采样点数；♯define INITIALGAIN 5//放大倍数）。放大倍数的变量有注释说明，自行查找。

五、思考题

（1）产生高精度正弦波如何实现？
（2）使用示波器仪器测量 DSP 产生的正弦波，比较两者差异。

实训十　模拟调制解调实训

一、实训目的

了解信号的调制和解调的完整过程，熟悉基本的信号处理过程。

二、实训内容

使用 DSP 产生调幅波和调频波。调制信号从 MIC 音频输入接口输入，频率小于 1000 Hz，载频由 DSP 程序内部产生，频率在 4000～8000 Hz 之间，调幅信号的调制度为 50%。使用 DSP 对所产生的调幅及调频信号进行解调，并通过 SPEAKER 音频输出口输出解调后的信号。

通过一段程序代码产生截波信号，加入噪声并设置滤波频段和采样值频率，最后将调制的载波信号图形与解调的结果用图形表示出来。

三、实训仪器和设备

计算机，DSP 硬件仿真器，DSP 教学实训平台，采用 TMS320VC5510A 模块。

四、实训原理及步骤

1. 实训原理

正弦载波幅度随调制信号变化而变化的调制叫正弦波幅度调制，简称调幅（AM）。模拟幅度调制（AM）的实质是频谱搬移。

设低频调制信号

$$v_\Omega = V_{\Omega m} \cos \Omega t = V_{\Omega m} \cos 2\pi f t,$$

高频载波信号

$$v_c = V_{cm} \cos \omega_c t = V_{cm} \cos 2\pi f_c t,$$

则已调调幅信号的时域一般表示式为：

$$s_{AM}(t) = (V_{cm} + k V_{\Omega m} \cos \Omega t) \cos \omega_c t = V_{cm} \left(1 + \frac{k V_{\Omega m}}{V_{cm}} \cos \Omega t\right) \cos \omega_c t = V_m (1 + m \cos \Omega t) \cos \omega_c t.$$

式中：m 是调幅波的调制系数（调幅度）。

$$V_{m\langle max\rangle}=V_m(1+m),\quad V_{m\langle min\rangle}=V_m(1-m)。$$

如果载波的瞬时频率偏移随调制信号 $f(t)$ 成线性变化，则为频率调制。调频信号表示式为：

$$f_{FM}=A_0\cos\left[\omega_c t+\theta_0+K_{FM}\int_{-\infty}^{t}f(t)\mathrm{d}t\right]。$$

其瞬时频率为 $\Omega_{FM}(t)=\Omega_c+K_{FM}f(t)$，其中 Ω_c 是未调载波的标称角频率，$f(t)$ 是调制信号，系数 K_{FM} 称为频偏常数。

数字振荡器递归的差分方程为：

$$y[n]=A*y[n-1]-y[n-2]。$$

式中：$A=2\cos(x),x=\Omega_{FM}/F_s$，$F_s$ 为采样频率。由该方程可以迭代计算出调频信号的每一个输出样点的值，经过 D/A 变换和滤波便可以得到模拟的调频信号。

幅度调制 AM 信号经信道传输到接收端后通常有两种解调方式：相干解调（又称同步检测）和简单的非相干解调。而双边带调幅（DSB—AM）信号接收后只有相干解调一种解调方式。对于抑制载波单边带（SSB—AM）信号，接收后也仅有一种解调方式，即相干解调。

幅度调制信号的相干解调原理都是一样的：信号接收后，首先由一个带通滤波器将所需的已调波信号选择出来，然后进入乘法器与载波（同相位）相乘，再经由低通滤波器输出调制信号，载波能量则被低通滤波器所阻止（或称滤掉了），不能通过。

参考 C 语言例程：

```
# include"modemtx. h"
# include"razedcos. h"  /* table for raised cosine shaping filter */
# include"sinetab. h"   /* sine look-up table */

/* definition of constelation space */
struct POINT constellation[NUM_CONSTELATION_POINTS]
{
    /* first quadrant */
    {0x1000,0x1000},
    {0x3000,0x3000},
    {0x1000,0x3000},
    {0x3000,0x1000},

    /* second quadrant */
    {-0x1000,0x1000},
    {-0x3000,0x3000},
    {-0x1000,0x3000},
```

```
        {-0x3000,0x1000},

    /* third quadrant */
    {-0x1000,-0x1000},
    {-0x3000,-0x3000},
    {-0x1000,-0x3000},
    {-0x3000,-0x1000},

    /* fourth quadrant */
    {0x1000,-0x1000},
    {0x3000,-0x3000},
    {0x1000,-0x3000},
    {0x3000,-0x1000},
};

/* global structures */
struct MODEM_PARAMETERS g_ModemData;
struct TEST
{
    long i;
    long j;
} g_test;

/* * * * * * * * * * * * * * * * * * * * * * * * * * * * * *
    SineLookup( )
    This function returns a sine function.  It is  implemented with
a 1/4 wave look up table.

    * * * * * * * * * * * * * * * * * * * * * * * * * * * * * * /
int SineLookup(int sample)
{
int sineValue;
/* Find offset into 1/4 wave table,adjusting for quadrants 2 and 4 */
int offset= sample &(SIZE_SINE_TABLE- 1);
```

```
        if(sample & SIZE_SINE_TABLE)
            offset=SIZE_SINE_TABLE- 1- offset;


        /* Read value from sine table,
            adjusting the sign for quadrants 3 and 4 */
        sineValue=sineTable[offset];
        if(sample &(SIZE_SINE_TABLE* 2))
            sineValue= - sineValue;
        return(sineValue);
}


/* * * * * * * * * * * * * * * * * * * * * * * * * * * * * * * *
    CosineLookup( )
    This function returns a cosine function.  It is
    implemented by calling the SineLookup( )function
    and adjusting the phase.
* * * * * * * * * * * * * * * * * * * * * * * * * * * * * * * * /
int CosineLookup(int sample)
{
    return( SineLookup(sample+ SIZE_SINE_TABLE));
}
/* * * * * * * * * * * * * * * * * * * * * * * * * * * * * * * *
    Modulation( )
    This function the modulated result of an in- phase
    and quadrature phase component,added together.
    * * * * * * * * * * * * * * * * * * * * * * * * * * * * * * * /
int Modulation(int Isample,int Qsample,int phase)
{
# if defined(PROD_C6X)
    /* work-around C6x compiler bug when using long multiplication */
    long result=(short)Isample * (short)SineLookup(phase);
    result+ =(short)Qsample * (short)CosineLookup(phase);
# else
    long result=(long)Isample * (long)SineLookup(phase);
```

```
        result+ =(long)Qsample * (long)CosineLookup(phase);
# endif
    result > > =14;
    return((int)result);
}


/* * * * * * * * * * * * * * * * * * * * * * * * * * * * * * *
    ShapingFilter( )
    This function shapes either the in-phase or
    quadrature phase component using a raised cosine
    filter.  The user must pass in a delayLine big
    enough to hold the shaping filter.  The output
    is calculated one baud at a time,and is found at
    the front of the delay line.
    * * * * * * * * * * * * * * * * * * * * * * * * * * * * * * /
void ShapingFilter(int * delayLine,int amplitudeOfSymbol)
{
    int i;
    /* shift the delay line * /
    for(i= 0;i <  SIZE_SHAPING_FILTER- SAMPLES_PER_BAUD;i+ + )
    {
        delayLine[i]=delayLine[i+ SAMPLES_PER_BAUD];
    }

    /* clear end of delay buffer before addition operation * /
    for(;i <  SIZE_SHAPING_FILTER;i+ + )
    {
        delayLine[i]= 0;
    }

    /* add new symbol into delay line  * /
    for( i= SIZE_SHAPING_FILTER;i- - ;)
    {
# if defined( PROD_C6X)
    delayLine [i] + = ((( short) raisedCosineTable [i] * (short)
amplitudeOfSymbol)> > 14);
```

```
    # else
    delayLine [ i ] + = (( raisedCosineTable [ i ] * ( long )
amplitudeOfSymbol)> > 14);
    # endif
    }
}
/* * * * * * * * * * * * * * * * * * * * * * * * * * * * * * *
    ModemTransitter( )
    This function runs the Tx modulator to generate one
    baud of output signal.  This function calls the
    ShapingFilter( )function to generate I and Q samples,
    then modulates by the carrier frequency and adds the
    I and Q together.
    * * * * * * * * * * * * * * * * * * * * * * * * * * * * * * * /
void ModemTransmitter(int baudIndex,int * outputBuffer)
{
    /* local variables * /
    int Iamplitude;           /* Quadrature component amplitude * /
//   int Qamplitude;      /* Quadrature component amplitude * /
//   int n;              /* loop index for each baud * /
//   static struct POINT ConstellationPoint;
    /* * * * * * * * * * * * * * * * * * * *
    1. Look up in- phase and quadrature amplitudes
    * * * * * * * * * * * * * * * * * * * * * /
    Iamplitude=g_ModemData.cPoints[baudIndex].I;
//   Qamplitude=g_ModemData.cPoints[baudIndex].Q;
    /* * * * * * * * * * * * * * * * * * * * * *
    2. Run in-phase and quadrature components through baseband
        shaping filter,with interpolation
    * * * * * * * * * * * * * * * * * * * * * * * /
    ShapingFilter(g_ModemData.Idelay,Iamplitude);
/* RP:TEMP    ShapingFilter(g_ModemData.Qdelay,Qamplitude);* /

    /* * * * * * * * * * * * * * * * * * * *
    3. Modulate the in-phase and quadrature components to
        generate the output signal from the transmitter
    * * * * * * * * * * * * * * * * * * * * * * /
```

```
/* RP:TEMP
    for(n=0;n < SAMPLES_PER_BAUD;n+ + )
    {
      outputBuffer[n]=Modulation(g_ModemData.Idelay[n],
          g_ModemData.Qdelay[n],g_ModemData.phase);
       increment phase for next pass
      g_ModemData.phase+ = g_ModemData.carrierFreq;
    }   */
}
/* * * * * * * * * * * * * * * * * * * * * * * * * * * * *
    Initialize( )
    This function initializes the global modem parameter
    structure;
    * * * * * * * * * * * * * * * * * * * * * * * * * * * * * /
void Initialize(void)
{
    int i;
    # if defined(C54X)
    asm("RSBX OVM");
# endif
    g_ModemData. carrierFreq = 15;/* increment  through  125  Hzsine
table */
    g_ModemData.phase= 0;        /* initialize phase for carrier */
    g_ModemData.samplesPerBaud= SAMPLES_PER_BAUD;
    g_ModemData.noiseLevel= 0;

    /* zero delay lines for shaping filter */
    for( i= SIZE_SHAPING_FILTER;i- - ;)
    {
        g_ModemData.Idelay[i]= 0;
        g_ModemData.Qdelay[i]= 0;
    }
    /* clear output buffer */
    for( i= SAMPLES_PER_BAUD* BAUD_PER_LOOP;i- - ;)
    {
```

```
            g_ModemData.OutputBuffer[i]=0;
        }

        /* clear data,constellation,and noise buffers */
        for( i=BAUD_PER_LOOP;i- - ;)
        {
            g_ModemData.dataSymbols[i]=0;
            g_ModemData.cPoints[i].I=0;
            g_ModemData.cPoints[i].Q=0;
            g_ModemData.cNoise[i].I=0;
            g_ModemData.cNoise[i].Q=0;
        }

        for( i=BAUD_PER_LOOP;i- - ;)
        {
            int j;
            g_ModemData.SymbolClock[i* SAMPLES_PER_BAUD]=1;
            for( j=SAMPLES_PER_BAUD;- - j >  0;)
            {
                g_ModemData.SymbolClock[i* SAMPLES_PER_BAUD+ j]=- 1;
            }
        }
    }

/* read next data,convert to constellation points,and add noise */
void ReadNextData(void)
{
    /* add code here to generate modem data */
    ReadConstellation( );
}

/* convert data to constellation points and add noise */
void ReadConstellation(void)
{
    AddNoiseSignal( );
}
```

```
/* * * * * * * * * * * * * * * * * * * * * * * * * * * * * * * *
    AddNoiseSignal( )
    This function adds noise to the constellation points for the
modem transmitter;
    * * * * * * * * * * * * * * * * * * * * * * * * * * * * * * * /
void AddNoiseSignal(void)
{
    /* Add code here to read noise signal from disk */
    int i;
    int noiseVolume= 10- g_ModemData.noiseLevel;
    for( i=BAUD_PER_LOOP;i- - ;)
    {
        /* convert data to constellation points */
        g_ModemData.cPoints[i]= constellation[(g_ModemData.
dataSymbols[i])&15];
        /* Add noise to constellation points,only if level not zero */
        if(g_ModemData.noiseLevel ! = 0)
        {
        if(noiseVolume <  0)
        {
        /* if volume is negative,shift to the left */
        g_ModemData.cPoints[i].I+ =(g_ModemData.cNoise[i].I < <
(-noiseVolume));
        g_ModemData.cPoints[i].Q+ =(g_ModemData.cNoise[i].Q < <
(-noiseVolume));
        }
        else
        {
        g_ModemData.cPoints[i].I+ =(g_ModemData.cNoise[i].I > >
noiseVolume);
        g_ModemData.cPoints[i].Q+ =(g_ModemData.cNoise[i].Q > >
noiseVolume);
        }
        }
```

```
        }
    }

/* * * * * * * * * * * * * * * * * * * * * * * * * * * * *
    Main( )
    Main loop for modem transmitter example program.
* * * * * * * * * * * * * * * * * * * * * * * * * * * * * * /
void main(void)
{
    int i;
    g_test.i= - 16;
    g_test.j= 0x12345678;
    g_test.j < < =4;
    g_test.i *= g_test.j;

    /* Initialize modem transmitter * /
    Initialize( );
    /* testing the carrier signal generator * /
    for(i= 0;i <  SAMPLES_PER_BAUD;i+ + )
    {
        g_ModemData.OutputBuffer[i]= SineLookup ( i * g_ModemData.
carrierFreq);
    }
    for(i= 0;i <  SAMPLES_PER_BAUD;i+ + )
    {
        g_ModemData.OutputBuffer[i]= CosineLookup ( i * g_ModemData.
carrierFreq);
    }

    /* loop forever * /
    while(1)
    {
/* get modem data,convert to constellation points,and add noise. * /
    ReadNextData( );
```

```
       /* run modem on new data * /
       for( i= 0;i <  BAUD_PER_LOOP;i+ + )
       {
           ModemTransmitter(i,&(g_ModemData.OutputBuffer[i* SAMPLES_
       PER_BAUD]));
       }
   }
   }
```

2. 实训步骤

（1）开发板先上电，然后 DSP 仿真器上电，连接仿真器与开发板，并打开 CCS，打开工程。

（2）Project→Build 或 Rebuild ALL，编译连接；也可跳到下一步，直接加载 .out 文件。

（3）File→Load Program，加载 debug 目录下的 .out 文件。

（4）Debug→GO Main。

（5）Debug→RUN 全速运行。

（6）选择 View→Watch Window，将结构体 g_ModemData 加入 watch window，如图 10—1 所示。

（7）根据观察窗口中的数据，可以得到 Idelay 数组的起始地址（示例中是 0x003F9049，程序修改编译后该地址可能会变化），数组长度根据宏定义 SIZE_SHAPING_FILTER 是 255；OutputBuffer 数组的起始地址（示例中是 0x003F9247，程序修改编译后该地址可能会变化），数组长度根据宏定义 SAMPLES_PER_BAUD * BAUD_PER_LOOP 是 32。

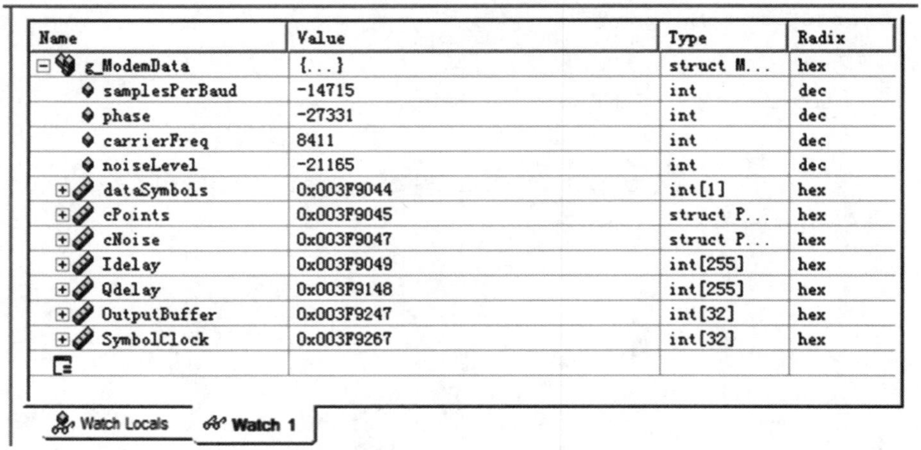

Name	Value	Type	Radix
⊟ 🐢 g_ModemData	{...}	struct M...	hex
◊ samplesPerBaud	-14715	int	dec
◊ phase	-27331	int	dec
◊ carrierFreq	8411	int	dec
◊ noiseLevel	-21165	int	dec
⊞◊ dataSymbols	0x003F9044	int[1]	hex
⊞◊ cPoints	0x003F9045	struct P...	hex
⊞◊ cNoise	0x003F9047	struct P...	hex
⊞◊ Idelay	0x003F9049	int[255]	hex
⊞◊ Qdelay	0x003F9148	int[255]	hex
⊞◊ OutputBuffer	0x003F9247	int[32]	hex
⊞◊ SymbolClock	0x003F9267	int[32]	hex
⊡			

Watch Locals   **Watch 1**

图 10—1　Watch Window（观察窗口）

（8）选择 View→Graph→Time/Frequency，不同缓冲区大小设置如图 10－2 和图 10－4所示，将 Idelay 与 OutputBuffer 两个数组的起始地址和数据长度设置到 2 个 Graph 数据栏中（注意 OutputBuffer 长度只有 32，同时需要修改 Display Data Size 为 32），点击 OK。结果如图 10－3 和图 10－5 所示。

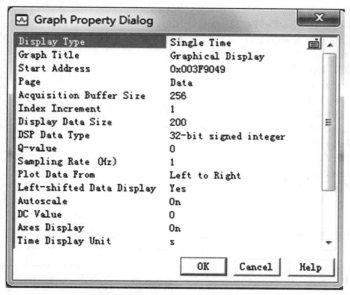

图 10－2　取缓冲区大小为 256

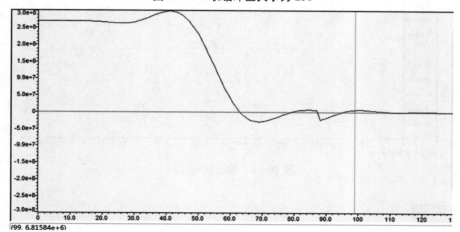

图 10－3　输出波形（1）

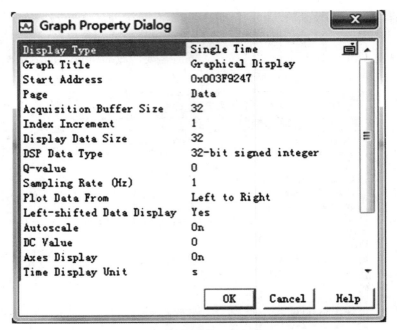

图 10—4　取缓冲区大小为 32

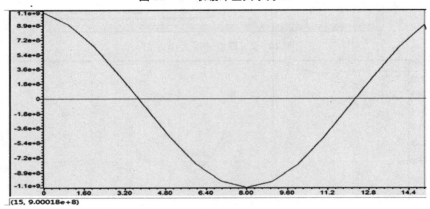

图 10—5　输出波形（2）

五、思考题

1. 调幅波的调制系数（调幅度）m 的大小是如何影响调制失真的？
2. 解调不失真的条件是什么？

实训十一　快速傅里叶变换（FFT）实训

一、实训目的

了解用 DSP 实现离散傅里叶变换的方法。

二、实训内容

使用数字信号处理库函数 DSPLIB 这个库，观察 16、64、256、512、1024 点 FFT 变换，显示输入信号和输出的功率谱信息。

三、实训仪器和设备

计算机，DSP 硬件仿真器，DSP 教学实训平台，采用 TMS320VC5510A 模块。

四、实训原理及步骤

1. 实训原理

快速傅里叶变换（Fast Fourier Transformation，FFT）是离散傅里叶变换的快速算法，它是根据离散傅里叶变换的奇、偶、虚、实等特性，对离散傅里叶变换的算法进行改进获得的。对于在计算机系统或者说数字系统中应用离散傅里叶变换，可以说是进了一大步。

设 $x(n)$ 为 N 项的复数序列，由 DFT 变换，任一 $X(m)$ 的计算都需要 N 次复数乘法和 $N-1$ 次复数加法，而一次复数乘法等于四次实数乘法和两次实数加法，一次复数加法等于两次实数加法，即使把一次复数乘法和一次复数加法定义成一次"运算"（四次实数乘法和四次实数加法），那么求出 N 项复数序列的 $X(m)$，即 N 点 DFT 变换需要 $N^2 + N(N-1)$ 次运算。当 $N=1024$ 点时，需要 2096128 次运算。在 FFT 中，利用 W_N 的周期性和对称性，把一个 N 项序列（设 $N=2^k$，k 为正整数）分为两个 $N/2$ 项的子序列。如果将这种"一分为二"的思想不断进行下去，直到分成两两一组的 DFT 运算单元，那么 N 点的 DFT 变换就只需要 $K \times (N/2) + K \times N = N \times \log_2 N + (N/2) \times \log_2 N$ 次运算，当 $N=1024$ 点时，运算量仅有 15360 次，只是先前的直接算法的 0.7%。点数越多，节约的运算量就越大，这就是 FFT 的优越性。

离散傅里叶变换作为信号处理中最基本和最常用的运算，在信号处理领域占有基础性的地位，离散傅里叶变换定义为：

$$X(k) = \sum_{n=0}^{N-1} x(n) W_N^{nk} \qquad (k=0,1,\cdots,N-1, W_N = \mathrm{e}^{-j\frac{2\pi}{N}})。$$

如果直接按照公式进行计算，求出 N 点 $X(k)$ 需要 N^2 次复数乘法、$N(N-1)$ 次复数加法，则进行 1024 点傅里叶变换共需要 4194304 次实数乘法，这对于实时处理而言是无法接受的。而傅里叶快速（FFT）算法的提出使傅里叶变换成为一种真正实用的算法。

根据离散傅里叶变换定义，FFT 运算公式变为：

$$X(k) = \sum_{r=0}^{\frac{N}{2}-1} x_1(r) W_{\frac{N}{2}}^{rk} + W_N^k \sum_{r=0}^{\frac{N}{2}-1} x_2(r) W_{\frac{N}{2}}^{rk} = X_1(k) + W_N^k X_2(k)。$$

参考 C 语言例程：

```c
# include < math.h>
# include < tms320.h>
# include < dsplib.h>
# include"t6_SCALE. h"
//# include"t6_NOSCALE. h"
short i;
short eflag= PASS;
long PowerSpec[NX];

int main( )
{
    //计算 FFT
    cfft(rtest,NX,SCALE);
    //位反转操作
    cbrev(rtest,rtest,NX);
    //计算功率谱
    for(i= 0;i< NX;i+ + )
    {
    //数据转成长型整数计算以防止溢出
    PowerSpec[i]=((long)rtest[2* i]*(long)rtest[2* i]+ (long)rtest
[2* i+ 1]*(long)rtest[2* i+ 1]);
    }
    return 0;
}
```

2. 实训步骤

（1）首先开发板上电，后 DSP 仿真器上电，连接仿真器与开发板，并打开 CCS，打开工程；

（2）Project→Build 或 Rebuild ALL，编译连接；也可跳到下一步，直接加载 .out 文件；

（3）File→Load Program，加载 debug 目录下的 .out 文件；

（4）Debug→GO Main；

3. 实训说明

由于 DSP 非常适合用来做数字信号处理，因此 TI 提供了比较完善的库函数来实现常用的数字信号处理，如 FFT、FIR、IIR 等都可以用 TI 提供的库函数来实现。要使用 DSPLIB 这个库，需要在函数头文件中包含 dsplib.h 这个头文件，如图 11-1 所示。

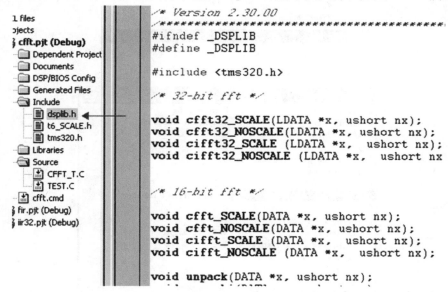

图 11-1　设置函数头文件包含 dsplib. h

将变量 rtest 和 PowerSpec 加入观察窗口，这两个变量分别代表输入的测试信号和输出的功率谱信息，如图 11-2 所示。

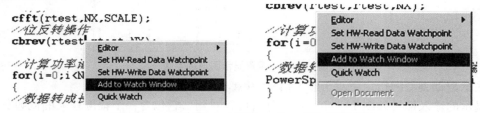

图 11-2　将变量 rtest 和 PowerSpec 加入观察窗口

在 View→Graph→Time/Frequencey... 中设置显示图形的参数，如图 11-3 和图 11-4 所示。

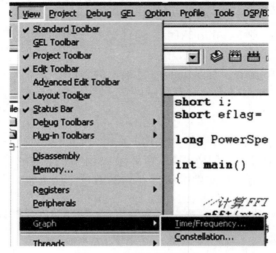

图 11-3　显示图形窗口

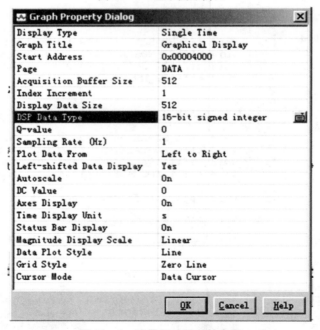

图 11-4　设置显示图形的参数

注意数据类型的指定，对于输入信号 rtest，是 16bit 有符号整数。

显示的输入信号如图 11-5 所示，分析可以看到，它包含一个幅度较大的低频分量和一个幅度较小的高频分量。

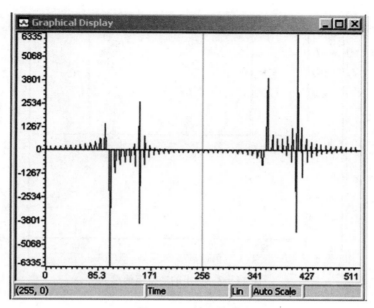

图 11—5　输入信号

输出的功率谱 PowerSpec 是 32bit 无符号整数，如图 11—6 所示。

图 11—6　设置输出的功率谱参数

输出的功率谱信息如图 11—7 所示。由于 FFT 变换是一个双边变换，一般实际使用的是在中轴线的左侧的部分，可以很清楚地看到，有一个高幅度的低频分量和一个低幅度的高频分量，这与前面根据输入信号的理论分析相吻合。

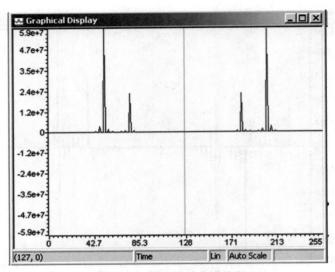

图 11-7　输出的功率谱信息

五、思考题

1. FFT 点数是如何影响计算速度的?
2. 比较不同点数 FFT 的结果。

实训十二　有限长单位冲激响应（FIR）数字滤波实训

一、实训目的

了解用 DSP 实现 FIR 数字滤波的方法。

二、实训内容

输入一个很窄的脉冲信号，显示 128 点输入信号 x 的波形，分别经过双缓冲实现 FIR 和单缓冲实现 FIR，并观察输出波形。

三、实训仪器和设备

计算机，DSP 硬件仿真器，DSP 教学实训平台，采用 TMS320VC5510A 模块。

四、实训原理及步骤

1. 实训原理

数字滤波的作用是滤出信号中某一部分频率分量。信号经过滤波处理就相当于信号的频谱与滤波器的频率响应相乘的结果。从时域来看，就是输入信号与滤波器的冲激响应作卷积。数字滤波器在各种领域有广泛应用，如数字音响、音乐和语音合成、噪声消除、数据压缩、频率合成、谐波消除、过载检测、相关检测等。

数字滤波器可以从时域特性来分类，即根据其冲激响应是有限收敛还是无限延续，前者称为有限冲激响应（Finite Impulse Response，FIR）滤波器，后者称为无限冲激响应（Infinite Impulse Response，IIR）滤波器。本实训将采用 DSP 来实现有限冲击响应（FIR）滤波器。

（1）N 阶 FIR 滤波器公式为：

$$y(n)=\sum_{n=0}^{N-1}h(k)x(n-k)=\sum_{k=0}^{N/2-1}h(k)\big[x(n-k)+x(n-(N-1+k))\big]。$$

FIR 滤波器的结构如图 12—1 所示。

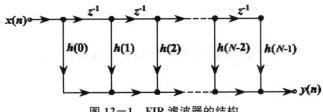

图 12—1   FIR 滤波器的结构

FIR 滤波器的设计原理：$h(n)$ 偶对称时取正号，$h(n)$ 奇对称时取负号，且 $h[(N-1)/2]=0$。为了简化运算，$h(n)$ 取偶。如果一个 FIR 滤波器有一个冲激响应 $h(0)$，$h(1)$，$\cdots$，$h(N-1)$，则输出滤波 $y(n)$ 的计算方程式如下：

$$y(n)=h(0)[x(n)+x(n-(N-1))]+h(1)[x(n-1)+x(n-N)]+\cdots+h\left(\frac{N-1}{2}-1\right)\left[x\left(n-\frac{N-1}{2}+1\right)+x\left(n-3\frac{N-1}{2}+1\right)\right]。$$

（2）FIR 滤波器的简化结构如图 12—2 所示。

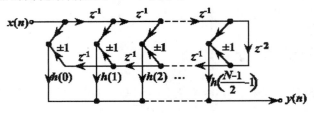

图 12—2   FIR 滤波器简化结构

参考 C 语言例程：

```
//* * * * * * * * * * * * * * * * * * * * * * * * * * * * * * *
//FIR 测试程序
//* * * * * * * * * * * * * * * * * * * * * * * * * * * * * * *
# include < math.h>
# include"TMS320. H"
# include"dsplib. h"
# include"test. h"
short i;
short eflag1= PASS;
short eflag2= PASS;
DATA  * dBptr= & dB[0];
void main( )
{
```

```
//1. 测试单缓冲 FIR
//缓冲区清零
for(i=0;i<NX;i++)r[i]=0;
for(i=0;i<NH+2;i++)dB[i]=0;
//计算 FIR
fir(x,h,r,dBptr,NX,NH);
//实际结果与理论结果对比,返回值-1表示在误差范围内
eflag1=test(r,rtest,NX,MAXERROR);
//2. 测试双缓冲 FIR
//缓冲区清零
for(i=0;i<NX;i++)r[i]=0;
for(i=0;i<NH+2;i++)dB[i]=0;
dBptr=&dB[0];
//计算 FIR
if(NX>=4)
{
    fir(x,h,r,dBptr,NX/4,NH);
    fir(&x[NX/4],h,&r[NX/4],dBptr,NX/4,NH);
    fir(&x[2*NX/4],h,&r[2*NX/4],dBptr,NX/4,NH);
    fir(&x[3*NX/4],h,&r[3*NX/4],dBptr,NX/4,NH);
}
//实际结果与理论结果对比,返回值-1表示在误差范围内
eflag2=test(r,rtest,NX,MAXERROR);
if((eflag1!=PASS)||(eflag2!=PASS))
{
    exit(-1);
}
return;
}
```

2. 实训步骤

（1）首先开发板上电，后 DSP 仿真器上电，连接仿真器与开发板，并打开 CCS，打开工程；

（2）Project→Build 或 Rebuild ALL，编译连接；也可跳到下一步，直接加载 .out 文件；

（3）File→Load Program，加载 debug 目录下的 .out 文件；

（4）Debug→GO Main。

3. 实训说明

首先在程序中设置两个断点，如图 12—3 所示。在第一个断点前进行的是单缓冲 FIR 滤波，在第二个断点前实现的是双缓冲 FIR 滤波。

运行后，将变量加入观察窗口，具体如图 12—4 所示。

```
// 缓冲区清零
for (i=0; i<NX; i++) r[i] = 0;
for (i=0; i<NH+2; i++) db[i] = 0;

dbptr = &db[0];

// 计算FIR
if (NX>=4)
{
    fir(x, h, r, dbptr, NX/4, NH);
    fir(&x[NX/4], h, &r[NX/4], dbptr, NX/4,
    fir(&x[2*NX/4], h, &r[2*NX/4], dbptr, N
    fir(&x[3*NX/4], h, &r[3*NX/4], dbptr, N
}

// 实际结果与理论结果对比
eflag2 = test (r, rtest, NX, MAXERROR);

if( (eflag1 != PASS) || (eflag2 != PASS) )
{
```

图 12—3　设置两个断点

Name	Value	Type	Radix
eflag1	-1	short	dec
eflag2	-1	short	dec
r	0x00002100	short[128]	hex
rtest	0x00002080	short[128]	hex
x		short[128]	hex

图 12—4　将变量加入观察窗口

首先使用 View→Graph→Time/Frequencey... 的形式显示输入信号 x 的波形，设置如图 12—5 所示。

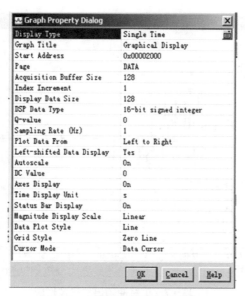

图 12－5　设置输入信号参数

　　可以看到，输入是一个很窄的脉冲信号，其信号从最高点瞬间下跳到 0 并一直保持。
该信号中包含很高的高频分量，同时包含很宽的频率范围，输入信号波形如图 12－6
所示。

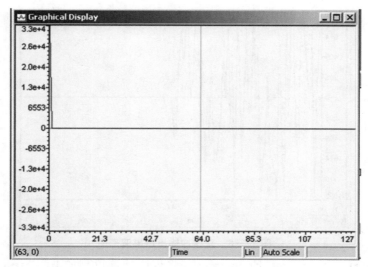

图 12－6　显示输入信号波形

　　重复上面的过程，使用 View→Graph→Time/Frequencey... 观察滤波之后的输出波
形。可以看到，信号的幅值大大衰减，但是信号出现比较大的波动，这是因为无法滤除的
低频分量存在的缘故。输出结果的波形图如图 12－7 所示。

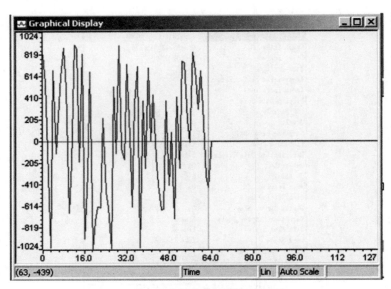

图 12-7　单缓冲输出结果波形图

双缓冲实现的 FIR 和单缓冲实现的 FIR 其本质是一样的，所以输出波形几乎一模一样。其波形图如图 12-8 所示。

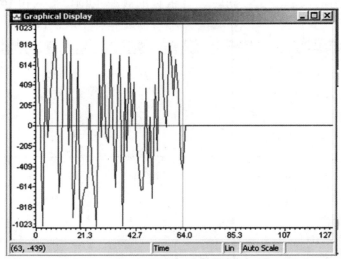

图 12-8　双缓冲输出结果波形图

使用 View→Graph→Time/Frequencey... 将理论计算得到的波形 rtest 显示出来，如图 12-9 所示，可以发现两者的波形对比在误差范围内。

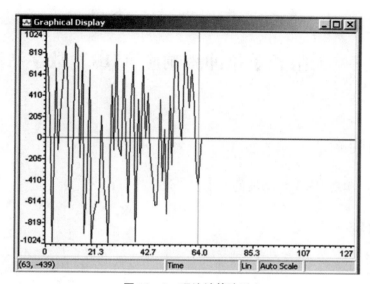

图 12—9　理论计算波形

五、思考题

（1）FIR 滤波器的优缺点是什么？

（2）用 DSP 实现 FIR 滤波器重点考虑哪些条件？

实训十三　无限长单位冲激响应（IIR）数字滤波实训

一、实训目的

了解用 DSP 实现 IIR 数字滤波的方法。

二、实训内容

输入一个 16S 信号，显示输入信号 x 的波形，经过 32 阶 IIR 滤波后，再观察输出波形。

三、实训仪器和设备

计算机，DSP 硬件仿真器，DSP 教学实训平台，采用 TMS320VC5510A 模块。

四、实训原理及步骤

1. 实训原理

实训原理参见实训十二。本实训将采用 DSP 来实现无限冲击响应（IIR）滤波器。

IIR 滤波器有以下几个特点：

（1）IIR 数字滤波器的系统函数可以写成封闭函数的形式。

（2）IIR 数字滤波器采用递归型结构，即结构上带有反馈环路。IIR 滤波器运算结构通常由延时、乘以系数和相加等基本运算组成，可以组合成直接型、正准型、级联型、并联型四种结构形式，都具有反馈回路。由于运算中的舍入处理，使误差不断累积，有时会产生微弱的寄生振荡。

（3）IIR 数字滤波器在设计上可以借助成熟的模拟滤波器的成果，如巴特沃斯滤波器、契比雪夫滤波器和椭圆滤波器等，有现成的设计数据或图表可查，其设计工作量比较小，对计算工具的要求不高。在设计一个 IIR 数字滤波器时，根据指标先写出模拟滤波器的公式，然后通过一定的变换，将模拟滤波器的公式转换成数字滤波器的公式。

（4）IIR 数字滤波器的相位特性不好控制，对相位要求较高时，需加相位校准网络。

　　尽管 IIR 滤波器的算法比 FIR 滤波器要复杂，且不是因果稳定的，但 IIR 滤波器也具有多种优越性：可充分利用模拟滤波器的设计成果，工作量相对较小；在相同的设计指标下，可以用较低的阶数获得较好的性能；所用的存储单元少，因此对于硬件来说，在相同时钟速率和存储空间下可以提供更好的带外衰减特性。

　　IIR 滤波器的差分方程如下：

$$y(n)=\sum_{0}^{N-1}a_k x(n-k)+\sum_{0}^{M-1}b_k y(n-k)。$$

　　IIR 滤波器的结构如图 13-1 所示。

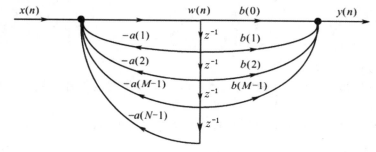

图 13-1　IIR 滤波器结构

参考 C 语言例程：

```
/*= = = = = = = = = = = = = = = = = = = = = = = = = = = = = =
//32 阶 IIR 实验
= = = = = = = = = = = = = = = = = = = = = = = = = = = = = = */
# include < math.h>
# include < stdio.h>
# include"tms320. h"
# include"dsplib. h"
# include"test. h"
short i;
short eflag= PASS;
    DATA elevel=0;
    DATA emax=0;
void main( )
{
    /*缓冲区清零*/
```

```
        for(i=0;i< NX;i+ + )r[i]=0;
        for(i=0;i< NX;i+ + )dBuffer[i]=0;
        iir32(x,h,r,dp,NBIQ,NX);
    /*实际结果与理论结果进行对比,返回值-1表示在误差范围内*/
        eflag=test(r,rtest,NX,MAXERROR);
    if(eflag ! =PASS)
        {
        exit(-1);
        }
        return;
    }
```

2. 实训步骤

(1) 首先开发板上电，后 DSP 仿真器上电，连接仿真器与开发板，并打开 CCS，打开工程；

(2) Project→Build 或 Rebuild ALL，编译连接；也可跳到下一步，直接加载 .out 文件；

(3) File→Load Program，加载 debug 目录下的 .out 文件；

(4) Debug→GO Main。

3. 实训说明

在程序中加入断点，断点位置如图 13—2 所示。

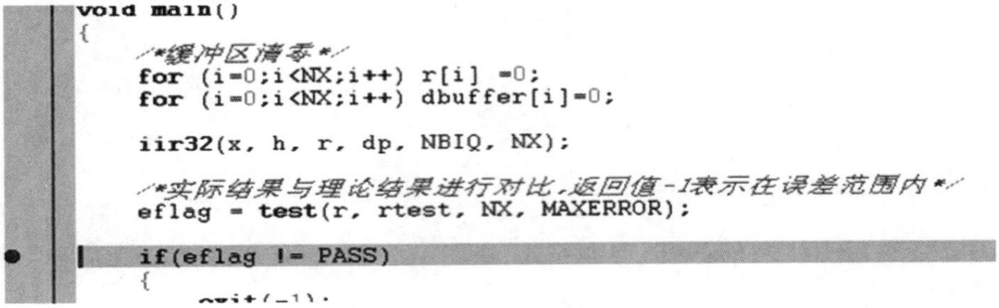

```
void main()
{
    /*缓冲区清零*/
    for (i=0;i<NX;i++) r[i] =0;
    for (i=0;i<NX;i++) dbuffer[i]=0;

    iir32(x, h, r, dp, NBIQ, NX);

    /*实际结果与理论结果进行对比,返回值-1表示在误差范围内*/
    eflag = test(r, rtest, NX, MAXERROR);

    if(eflag != PASS)
    {
```

图 13—2　在程序中加入断点

将如下变量加入观察窗口，如图 13—3 所示。

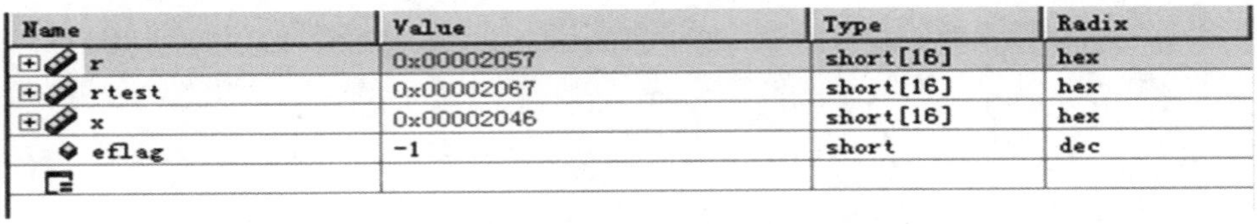

Name	Value	Type	Radix
r	0x00002057	short[16]	hex
rtest	0x00002067	short[16]	hex
x	0x00002046	short[16]	hex
eflag	-1	short	dec

图 13—3　将变量加入观察窗口

首先观察输入信号，在 View→Graph→Time/Frequencey... 中设置显示图形的参数，如图 13-4 所示。

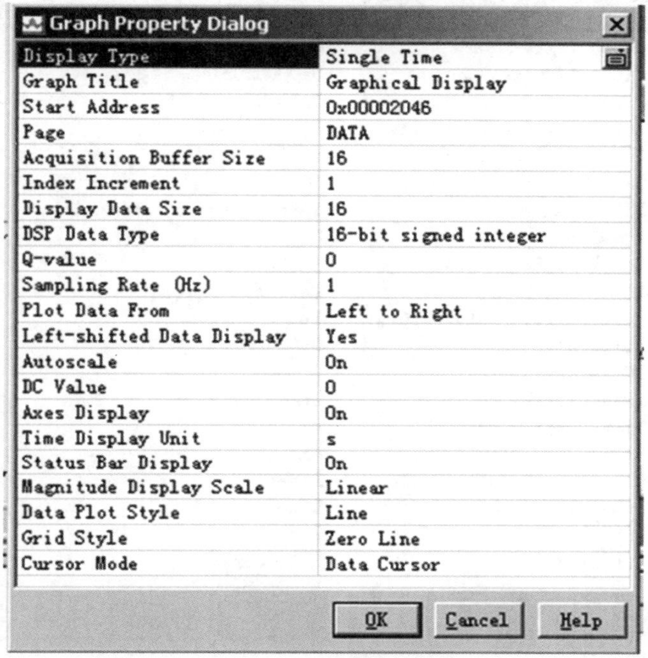

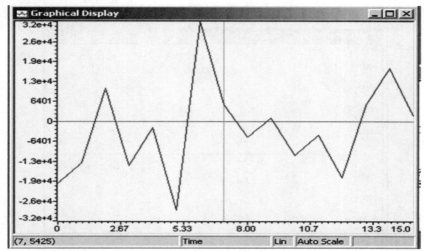

图 13-4　设置显示图形参数（1）

输入信号如图 13-5 所示。

图 13-5　输入信号

然后观察计算 IIR 响应后的输出信号，在 View→Graph→Time/Frequencey... 中设置显示图形的参数，如图 13-6 所示。

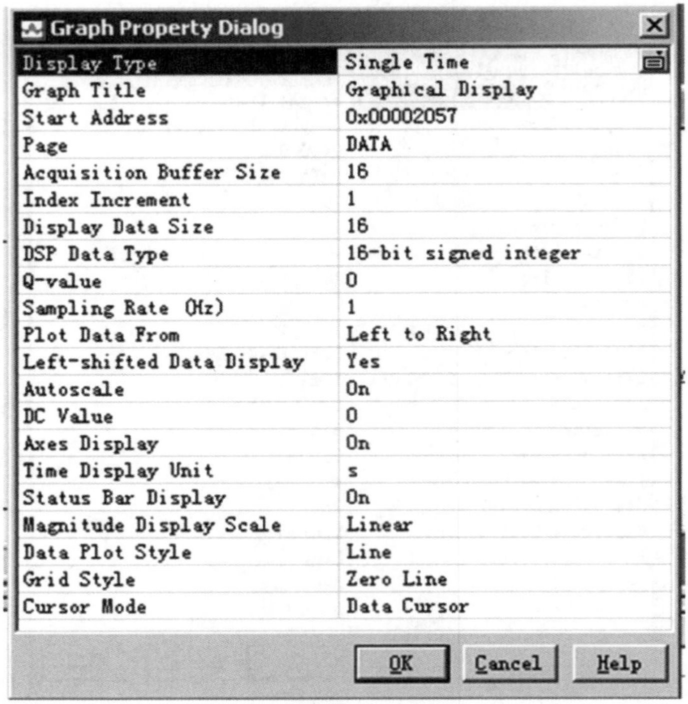

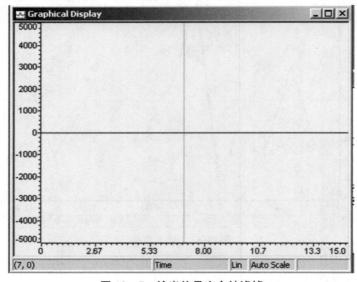

图 13－6　设置显示图形参数（2）

可见输出是一条全为 0 的直线，表示经过高达 32 阶的 IIR 滤波之后，信号完全被滤掉了，输出如图 13－7 所示。

图 13－7　输出信号完全被滤掉

同时将理论计算后得到的输出图形化显示出来，在 View → Graph → Time/Freq3uencey... 中设置显示图形的参数，如图 13－8 所示。

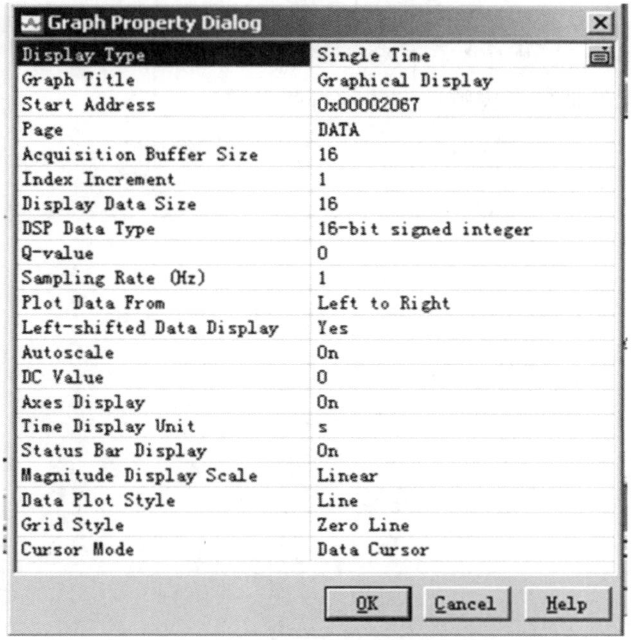

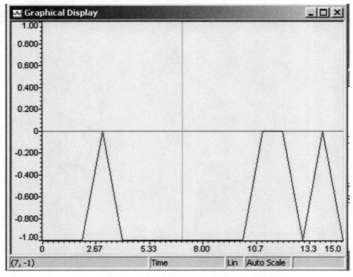

图 13－8　设置显示图形参数（3）

可以看到，理论上，输入信号经过 32 阶的 IIR 滤波后，其信号在－1 和 0 之间做小幅波动，几乎与实际计算匹配，在误差范围之内，如图 13－9 所示。

图 13－9　理论计算结果比较

五、思考题

（1）IIR 滤波器的特点是什么？

（2）设计 IIR 滤波器应考虑哪些方法和哪些参数？

实训十四　图像采集及图像二值化处理实训

一、实训目的

用实验板上所带的摄像头模块采集连续图像,同时将采集到的连续图像做实时二值化处理,显示在液晶屏上。

二、实训内容

通过仿真器将生成的 .out 文件下载到目标板上,运行后,对程序中储存的数组图像进行 3×3 滤波处理后,在观察窗口观察变量是否符合预期输出。

三、实训仪器和设备

计算机,DSP 硬件仿真器,DSP 教学实训平台,采用 TMS320VC5510A 模块。

四、实训原理及步骤

1. 实训原理

实验板上采用 OV7670 作为图像传感器采集信息,分辨率设为 QVGA 模式,输出到 TFT 屏幕上显示,将采集到的彩色图像做一个简单的图像输出循环。

OV7670 图像传感器体积小、工作电压低,提供单片 VGA 摄像头和影像处理器的所有功能。通过 SCCB 总线控制,可以输出整帧、子采样、取窗口等方式的各种分辨率 8 位影响数据。该产品 VGA 图像最高达到 30 帧/s。用户可以完全控制图像质量、数据格式和传输方式。所有图像处理功能过程包括伽玛曲线、白平衡、饱和度、色度等都可以通过 SCCB 接口编程。OmmiVision 图像传感器应用独有的传感器技术,通过减少或消除光学或电子缺陷如固定图案噪声、托尾、浮散等,提高图像质量,得到清晰的、稳定的彩色图像。为了获得比较高的刷新速率,液晶屏工作在 8 位彩色模式下,图像会有些许失真。

实验板上采用的 OV7670 的具体参数见表 14—1 所示。

表 14-1　OV7670 的具体参数

感光阵列		640×480
电源	核电压	1.8 VDV±10%
	模拟电压	2.45~3.0 V
	IO 电压	1.7~3.0 V
功耗	工作	60 mW/15 fps VGA YUV
	休眠	<20 μA
温度	操作	-30~70 ℃
	稳定工作	0~50 ℃
输出格式（8 位）		YUV/YCbCr4∶2∶2、RGB565/555/444、GRB4∶2∶2
Raw RGB Data		
光学尺寸		1/6″
视场角		25°
最大帧率		30 fps VGA
信噪比		46 dB
动态范围		52 dB
浏览方式		逐行
电子曝光		1~510 行
像素面积		3.6 μm×3.6 μm
暗电流		12 mV/s at 60 ℃
封装尺寸		3785 μm×4235 μm

　　在图像处理中，二值化是一种常见的分析预处理手段。所谓二值化，就是将图像上的像素点的灰度值设置为 0 或 255，也就是将整个图像呈现出明显的黑白效果。

　　将 256 个亮度等级的灰度图像通过适当的阈值选取而获得仍然可以反映图像整体和局部特征的二值化图像。在数字图像处理中，二值化图像占有非常重要的地位。首先，图像的二值化有利于图像的进一步处理，使图像变得简单，而且数据量减小，能凸显出感兴趣的目标的轮廓。其次，要进行二值化图像的处理与分析，先要把灰度图像二值化，得到二值化图像。所有灰度大于或等于阈值的像素被判定为属于特定物体，其灰度值为 255；否则这些像素点被排除在物体区域以外，灰度值为 0，表示背景或者例外的物体区域。其效果如图 14-1 所示。

图 14—1　图像采集及二值化结果

一般二值化的代码实现如下：

```
binary_image=grey_image > threshold ? 255:0;
```

解释如下：binary＿image 为二值化后的图像，grey＿image 为原灰度图像，要得到二值化图像，首先要得到灰度图像，在灰度图像的基础上进行处理。threshold 为划分黑白的阈值，在要求不严格的场合，一般采用灰度级的一半。如果灰度级为 256 级，threshold＝256/2＝128。

二值化的关键在于阈值的选择。如果要得到精确的二值化结果，首先需要得到精确的阈值，实现一个真正实际的二值化处理；其次，改进后的二值化会更实用且智能。

参考 C 语言例程：

```
# include"DB5510.h"
const unsigned char OV7670_reg[OV7670_REG_NUM]
{
    /* 以下为 OV7670 QVGA RGB565 参数　*/
    {0x3a,0x04},//
    {0x40,0x10},
    ////{0x40,0xc0},
    {0x12,0x14},
    ////{0x12,0x01},
    {0x32,0x80},
    {0x17,0x16},

    {0x18,0x04},//5
    {0x19,0x02},
    {0x1a,0x7b},//0x7a,
    {0x03,0x06},//0x0a,
```

```
{0x0c,0x0c},
////{0x0c,0x00},
  {0x15,0x02},
{0x3e,0x00},//10
{0x70,0x00},
{0x71,0x01},
{0x72,0x11},
////{0x72,0x00},
{0x73,0x09},//

{0xa2,0x02},//15
{0x11,0x00},
{0x7a,0x20},
{0x7b,0x1c},
{0x7c,0x28},

{0x7d,0x3c},//20
{0x7e,0x55},
{0x7f,0x68},
{0x80,0x76},
{0x81,0x80},

{0x82,0x88},
{0x83,0x8f},
{0x84,0x96},
{0x85,0xa3},
{0x86,0xaf},

{0x87,0xc4},//30
{0x88,0xd7},
{0x89,0xe8},
{0x13,0xe0},
{0x00,0x00},//AGC

{0x10,0x00},
```

```
{0x0d,0x00},
{0x14,0x20},//0x38,limit the max gain
{0xa5,0x05},
{0xab,0x07},

{0x24,0x75},//40
{0x25,0x63},
{0x26,0xA5},
{0x9f,0x78},
{0xa0,0x68},

{0xa1,0x03},//0x0b,
{0xa6,0xdf},//0xd8,
{0xa7,0xdf},//0xd8,
{0xa8,0xf0},
{0xa9,0x90},

{0xaa,0x94},//50
{0x13,0xe5},
{0x0e,0x61},
{0x0f,0x4b},
{0x16,0x02},

{0x1e,0x27},//0x07,
{0x21,0x02},
{0x22,0x91},
{0x29,0x07},
{0x33,0x0b},

{0x35,0x0b},//60
{0x37,0x1d},
{0x38,0x71},
{0x39,0x2a},
{0x3c,0x78},
```

```
{0x4d,0x40},
{0x4e,0x20},
{0x69,0x5d},
{0x6b,0x40},//PLL
{0x74,0x19},
{0x8d,0x4f},

{0x8e,0x00},//70
{0x8f,0x00},
{0x90,0x00},
{0x91,0x00},
{0x92,0x00},//0x19,//0x66

{0x96,0x00},
{0x9a,0x80},
{0xb0,0x84},
{0xb1,0x0c},
{0xb2,0x0e},

{0xb3,0x82},//80
{0xb8,0x0a},
{0x43,0x14},
{0x44,0xf0},
{0x45,0x34},

{0x46,0x58},
{0x47,0x28},
{0x48,0x3a},
{0x59,0x88},
{0x5a,0x88},

{0x5b,0x44},//90
{0x5c,0x67},
{0x5d,0x49},
{0x5e,0x0e},
```

```
        {0x64,0x04},
        {0x65,0x20},


        {0x66,0x05},
        {0x94,0x04},
        {0x95,0x08},
        {0x6c,0x0a},
        {0x6d,0x55},


        {0x4f,0x80},
        {0x50,0x80},
        {0x51,0x00},
        {0x52,0x22},
        {0x53,0x5e},
        {0x54,0x80},


        //{0x54,0x40},//110


        {0x6e,0x11},//100
        {0x6f,0x9f},//0x9e for advance AWB
        {0x55,0x00},//亮度
        {0x56,0x40},//对比度
        {0x57,0x80},//0x40,change according to Jim's request


};


const unsigned char OV7725_reg[OV7725_REG_NUM][2]=
{
        /*以下为 OV7725QVGA RGB565 参数   */


        {0x32,0x00},
        {0x2a,0x00},
        {0x11,0x00},
        {0x12,0x46},//QVGA RGB565
        {0x12,0x06},
```

```
{0x42,0x7f},
{0x4d,0x00},//0x09
{0x63,0xf0},
{0x64,0x1f},
{0x65,0x00},
{0x66,0x00},
{0x67,0x00},
{0x69,0x00},

{0x13,0xff},
{0x0d,0x41},//PLL
{0x0f,0xc5},
{0x14,0x01},//agc
{0x22,0xFF},//7f
{0x23,0x01},
{0x24,0x76},
{0x25,0x50},
{0x26,0xa1},
{0x2b,0x00},
{0x6b,0xaa},
{0x13,0xff},

{0x90,0x0a},//
{0x91,0x01},//
{0x92,0x01},//
{0x93,0x01},

{0x94,0x5f},
{0x95,0x53},
{0x96,0x11},
{0x97,0x1a},
{0x98,0x3d},
{0x99,0x5a},
{0x9a,0x9e},
```

```
{0x9b,0x00},    //set luma
{0x9c,0x20},    //set contrast
{0xa7,0x40},    //set saturation
{0xa8,0x40},    //set saturation
{0xa9,0x80},    //set hue
{0xaa,0x80},    //set hue

{0x9e,0x11},
{0x9f,0x02},
{0xa6,0x06},

{0x7e,0x0c},
{0x7f,0x16},
{0x80,0x2a},
{0x81,0x4e},
{0x82,0x61},
{0x83,0x6f},
{0x84,0x7b},
{0x85,0x86},
{0x86,0x8e},
{0x87,0x97},
{0x88,0xa4},
{0x89,0xaf},
{0x8a,0xc5},
{0x8b,0xd7},
{0x8c,0xe8},
{0x8d,0x20},

{0x4e,0xef},
{0x4f,0x10},
{0x50,0x60},
{0x51,0x00},
{0x52,0x00},
{0x53,0x24},
{0x54,0x7a},
```

```
        {0x55,0xfc},

        {0x33,0x00},
        {0x22,0x99},
        {0x23,0x03},
        {0x4a,0x00},
        {0x49,0x13},
        {0x47,0x08},
        {0x4b,0x14},
        {0x4c,0x17},
        {0x46,0x05},
        {0x0e,0x75},
        {0x3d,0x82},

        {0x0c,0x50},
        {0x3e,0xe2},

        {0x29,0x50},
        {0x2c,0x78},

    };

    union CPLD_REG1        MYREG1;
    void mDelay(unsigned int Dly)
    {
        for(;Dly> 0;Dly- - )
            asm("NOP");
    }
    void delay_us(unsigned int Dly)
    {
        unsigned int i;
        for(;Dly> 0;Dly- - )
            for(i=100;i> 0;i- - )
                asm("NOP");
    }
```

```
void     BUFFER_OE(unsigned int n)
{
    if(n)
        MYREG1.bit.BUF_OE=1;
    else
        MYREG1.bit.BUF_OE=0;
    DSK5510_REG0=MYREG1.all;
}


void     DB5510init()
{
    MYREG1.all=0;         //init state
}


void USBINTEN(unsigned int onoff)
{
    if(onoff)
        MYREG1.bit.USBINT_EN=1;
    else
        MYREG1.bit.USBINT_EN=0;
    DSK5510_REG0=MYREG1.all;
}


//void     DB5510Leds(unsigned int n,unsigned int onoff)
//n:        1:D1      2:D2
//onoff:    > 0:on      0:off
void   DB5510Leds(unsigned int n,unsigned int onoff)
{
    if(n==1)
    {
        if(onoff==0)
            MYREG1.bit.D1=1;
        else
            MYREG1.bit.D1=0;
```

```
    }
    else if(n==2)
    {
        if(onoff==0)
            MYREG1.bit.D2=1;
        else
            MYREG1.bit.D2=0;
    }
    DSK5510_REG0=MYREG1.all;
}


//void      DB5510Leds(unsigned int n,unsigned int onoff)
//return: Bit7  Bit6  Bit5  Bit4  Bit3  Bit2  Bit1  Bit0
//     S4         S3         S2         S1
unsigned int dB5510Keys( )
{
    return DSK5510_REG_KEY;
}


//void     DB5510OV7670RESET( )
void  DB5510OV7670RESET( )
{
    unsigned int t;
    MYREG1.bit.CAM_RRSTn=0;
    DSK5510_REG0=MYREG1.all;
    t=CAM_DAT;
    t+ =CAM_DAT;
    t+ =CAM_DAT;
    MYREG1.bit.CAM_RRSTn=1;
    DSK5510_REG0=MYREG1.all;
}


//void      DB5510OV7670init( );
unsigned int dB5510OV7670init( )
```

```
{
    unsigned char temp,i;
    MYREG1.bit.CAM_S=1;
    DB5510OV7670RESET( );
    SCL_HIGH( );
    SDA_HIGH( );
    mDelay(30000);
    temp=0x80;
    if(0==wr_Sensor_Reg(0x12,temp))   //Reset SCCB
    {
        return 0;          //error
    }
    mDelay(10);
    if(0==rd_Sensor_Reg(0x0b,&temp))  //读 ID
    {
        return 0;          //error
    }
        if(temp==0x73)  //OV7670
        {
        for(i=0;i< OV7670_REG_NUM;i+ + )
        {
        if(0= =wr_Sensor_Reg(OV7670_reg[i][0],OV7670_reg[i]
[1]))
        {
            return 0;                  //error
        }
        }
        }
    else if(temp==0x21)   //OV7725
    {
        for(i=0;i< OV7725_REG_NUM;i+ + )
        {
            if(0==wr_Sensor_Reg(OV7725_reg[i][0],OV7725_reg[i]
[1]))
            {
                return 0;          //error
```

```
            }
        }
    }
    return 1;  //ok
}

//void    DB5510OV7670S( );
void    DB5510OV7670S( )
{
    MYREG1.bit.CAM_S= 0;
    DSK5510_REG0= MYREG1.all;
    MYREG1.bit.CAM_S=1;
    DSK5510_REG0= MYREG1.all;
}

unsigned char wr_Sensor_Reg(unsigned char regID,unsigned char
regDat)
{
    I2CStart( );  //发送 SCCB 总线开始传输命令
    if(0==CAMwriteByte(0x42))  //写地址
    {
        I2CStop( );  //发送 SCCB 总线停止传输命令
        return(0);  //错误返回
    }
    delay_us(20);
    if(0==CAMwriteByte(regID))  //积存器 ID
    {
        I2CStop( );  //发送 SCCB 总线停止传输命令
        return(0);  //错误返回
    }
    delay_us(20);
    if(0==CAMwriteByte(regDat))  //写数据到积存器
    {
        I2CStop( );  //发送 SCCB 总线停止传输命令
        return(0);  //错误返回
```

```
        }
        I2CStop( );   //发送 SCCB 总线停止传输命令

        return(1);   //成功返回
    }


    unsigned char rd_Sensor_Reg(unsigned char regID,unsigned char
* regDat)
    {
        //通过写操作设置寄存器地址
        I2CStart( );
        if(0==CAMwriteByte(0x42))   //写地址
        {
            I2CStop( );   //发送 SCCB 总线停止传输命令
            return(0);   //错误返回
        }
        delay_us(20);
        if(0==CAMwriteByte(regID))   //积存器 ID
        {
            I2CStop( );   //发送 SCCB 总线停止传输命令
            return(0);   //错误返回
        }
        I2CStop( );   //发送 SCCB 总线停止传输命令

        delay_us(20);
            //设置寄存器地址后,才是读
        I2CStart( );
        if(0==CAMwriteByte(0x43))   //读地址
        {
            I2CStop( );   //发送 SCCB 总线停止传输命令
            return(0);   //错误返回
        }
        delay_us(20);
        * regDat=(unsigned char)I2CReceiveByte( );   //返回读到的值
        I2CWaitNoAck( );   //发送 NACK 命令
```

```
        I2CStop( );   //发送 SCCB 总线停止传输命令
        return(1);   //成功返回
    }


    //unsigned int dB5510I2Crea dByte(unsigned int addr);
    //addr:          slave I2C address
    unsigned int dB5510I2Crea dByte(unsigned chipaddr,unsigned int
addr)
    {
        unsigned int i_byte;
        I2CStart( );
        I2CSen dByte(chipaddr | 0x0001);
        I2CWaitAck( );
//      I2CWaitNoAck( );
        I2CSen dByte(addr);
        I2CWaitAck( );
//      I2CWaitNoAck( );
        i_byte= I2CReceiveByte( );
        I2CWaitAck( );
//      I2CWaitNoAck( );
        I2CStop( );
        return(i_byte);
    }


    //unsigned int dB5510I2Cread5150NOADDRbyte(unsigned chipaddr);
    unsigned int dB5510I2Cread5150NOADDRbyte(unsigned chipaddr)
    {
        unsigned int i_byte;
        I2CStart( );
        I2CSen dByte(chipaddr | 0x0001);
        I2CWaitAck( );
        i_byte= I2CReceiveByte( );
        I2CWaitNoAck( );
        I2CStop( );
        return(i_byte);
```

```
    }

    //void dB5510I2Cwritebyte(unsigned int addr,unsigned int byte);
    //addr:    slave I2C address
    //byte:    byte to write
     void dB5510I2Cwritebyte(unsigned chipaddr,unsigned int addr,
unsigned int data)
    {
        I2CStart( );
        I2CSen dByte(chipaddr & 0xfffe);
        I2CWaitAck( );
        I2CSen dByte(addr);
        I2CWaitAck( );
        I2CSen dByte(data);
        I2CWaitAck( );
        I2CStop( );
    }

    //void    DB5510I2CwriteAddr(unsigned chipaddr,unsigned int
addr);
     void  DB5510I2CwriteAddr(unsigned chipaddr,unsigned int addr)
    {
        I2CStart( );
        I2CSen dByte(chipaddr & 0xfffe);
        I2CWaitAck( );
        I2CSen dByte(addr);
        I2CWaitAck( );
        I2CStop( );
    }

    void SCL_HIGH(void)
    { //SCL 输出高电平
        GPIO_FSET(IODIR,IO5DIR,1);  //
        GPIO_FSET(IODATA,IO5D,1);  //IO5 即 SCL 输出高电平
    }
```

```
void SCL_LOW(void)
{  //SCL 输出低电平
    GPIO_FSET(IODIR,IO5DIR,1);  //
    GPIO_FSET(IODATA,IO5D,0);   //IO5 即 SCL 输出低电平
}

void SDA_HIGH(void)
{ //SDA 输出高电平
GPIO_FSET(IODIR,IO6DIR,1);       //IO6 设置为输出
GPIO_FSET(IODATA,IO6D,0);        //IO6 输出低电平,表示此时方向为 DSP
输出
    GPIO_FSET(IODIR,IO7DIR,1);   //
    GPIO_FSET(IODATA,IO7D,1);    //IO7 即 SDA 输出高电平
}

void SDA_LOW(void)
{//SDA 输出低电平
GPIO_FSET(IODIR,IO6DIR,1);       //IO6 设置为输出
GPIO_FSET(IODATA,IO6D,0);        //IO6 输出低电平,表示此时方向为 DSP
输出
    GPIO_FSET(IODIR,IO7DIR,1);   //
    GPIO_FSET(IODATA,IO7D,0);    //IO7 即 SDA 输出低电平
}

unsigned int SDA_READ(void)
{  //设置 SDA 输入并读出 SDA 线上的电平,高电平返回 1,低电平返回 0。
    int TEMP_REG;
    GPIO_FSET(IODIR,IO7DIR,0);   //IO7 即 SDA 输出输入
    GPIO_FSET(IODIR,IO6DIR,1);   //IO6 设置为输出
    GPIO_FSET(IODATA,IO6D,1);    //IO6 输出高电平,表示此时方向为
CPLD 输出到 DSP
    TEMP_REG=GPIO_FGET(IODATA,IO7D);  //读 IO7 口电平
    return TEMP_REG;
}
```

```
void I2CStart( )
{
    SDA_HIGH( );
    mDelay(IIC_DELAY_TIME);
    SCL_HIGH( );
    mDelay(IIC_DELAY_TIME);
    SDA_LOW( );
    mDelay(IIC_DELAY_TIME);
    mDelay(IIC_DELAY_TIME);
    SCL_LOW( );
    mDelay(IIC_DELAY_TIME);
}

void I2CSen dByte(unsigned int ch)
{
    unsigned char i=7;
    do
    {
        if(ch & (0x0001 < < i))
        {
            SDA_HIGH( );
        }
        else
        {
            SDA_LOW( );
        }
        mDelay(IIC_DELAY_TIME);
        SCL_HIGH( );
        mDelay(IIC_DELAY_TIME);
        mDelay(IIC_DELAY_TIME);
        SCL_LOW( );
        mDelay(IIC_DELAY_TIME);
    }
    while(i- - );
}
```

```
void I2CWaitAck( )
{
    SDA_READ( );
    mDelay(IIC_DELAY_TIME);
    SCL_HIGH( );
    mDelay(IIC_DELAY_TIME);
    while(SDA_READ( )){mDelay(IIC_DELAY_TIME);}
    mDelay(IIC_DELAY_TIME);
    SCL_LOW( );
    mDelay(IIC_DELAY_TIME);
}

void I2CWaitNoAck( )
{
    SDA_HIGH( );
    mDelay(IIC_DELAY_TIME);
    SCL_HIGH( );
    mDelay(IIC_DELAY_TIME);
    mDelay(IIC_DELAY_TIME);
    SCL_LOW( );
    mDelay(IIC_DELAY_TIME);
    SDA_LOW( );
    mDelay(IIC_DELAY_TIME);
}

unsigned int I2CReceiveByte( )
{
    unsigned char i=8;
    unsigned char rx;
    SDA_READ( );
    for( i=0;i < 8;i+ + )
    {
        rx=rx < < 1;
        mDelay(IIC_DELAY_TIME);
        SCL_HIGH( );
```

```
        mDelay(IIC_DELAY_TIME);
        if(SDA_READ( ))
        {
            rx= rx | 0x01;
        }
        mDelay(IIC_DELAY_TIME);
        SCL_LOW( );
        mDelay(IIC_DELAY_TIME);
    }
    return rx;
}

void I2CStop( )
{
    SDA_LOW( );
    mDelay(IIC_DELAY_TIME);
    SCL_HIGH( );
    mDelay(IIC_DELAY_TIME);
    mDelay(IIC_DELAY_TIME);
    SDA_HIGH( );
    mDelay(IIC_DELAY_TIME);
}

unsigned char CAMwriteByte(unsigned char m_data)
{
    unsigned char t;
    I2CSen dByte(m_data);
    SDA_READ( );
    mDelay(IIC_DELAY_TIME);
    SCL_HIGH( );
    mDelay(IIC_DELAY_TIME);
    mDelay(IIC_DELAY_TIME);
    mDelay(IIC_DELAY_TIME);
    if(SDA_READ( ))
        t=0;   //SDA=1发送失败,返回 0
```

```
                else
                    t=1;   //SDA=0 发送成功,返回 1
                mDelay(IIC_DELAY_TIME);
                SCL_LOW( );
                mDelay(IIC_DELAY_TIME);
                return t;
            }
```

2. 实验步骤

（1）首先开发板上电，后 DSP 仿真器上电，连接仿真器与开发板，并打开 CCS，打开工程；

（2）Project→Build 或 Rebuild ALL，编译连接；也可跳到下一步，直接加载 .out 文件；

（3）File→Load Program，加载 debug 目录下的 .out 文件；

（4）Debug→GO Main；

（5）Debug→RUN 全速运行。

（6）观察实验板上屏幕的图像，试着适当调节获取图像的延迟值，得到更高的刷新频率。修改延迟值的关键语句如下：

```
    delay_us(1000)
```

（7）观察液晶屏上显示的二值化图像，通过适当调高或者调低阈值，考虑如何选择合适的阈值才能得到比较理想的结果。修改阈值的关键语句如下：

```
    temp=temp>15? 0x1f:0x0
```

五、思考题

用实训板上所带的摄像头模块采集一幅图像，将采集到的图像加高斯噪声，之后再将用滤波算法滤除噪声后的图像显示在液晶屏上，并观察效果。

实训十五 A/D 和 D/A 设计实训

一、实训目的

(1) 掌握数字信号处理综合实训系统 TMS320F28335 核心板数据采集工作原理；

(2) 掌握 TMS320F28335 核心板数据采集编程方法；

(3) 通过实训了解如何进行数据采集；

(4) 通过实训了解如何进行数据处理输出。

二、实训内容

输入 1 V 模拟电压，观察输入电压值，经 DAC 的通道 A 输出 1 V 电压，经通道 B 输出 4 V 电压，并测量。

三、实训仪器和设备

计算机，DSP 硬件仿真器，DSP 教学实训平台，采用 TMS320F28335 模块，把 P105 的跳线插上。

四、实训原理及步骤

1. 实训原理

TMS320F28335 片上有 1 个 12 位 A/D 转换器，其前端为 2 个 8 选 1 多路切换器和 2 路同时采样/保持器，构成 16 个模拟输入通道，模拟通道的切换由硬件自动控制，并将各模拟通道的转换结果顺序存入 16 个结果寄存器中。模拟量输入范围：0.0~3.0 V；转换结果＝4095×（输入的模拟信号）÷3。

A/D 转换器（ADC）将模拟量转换为数字量通常要经过 4 个步骤：采样、保持、量化和编码。所谓采样，就是将一个时间上连续变化的模拟量转化为时间上离散变化的模拟量，如图 15-1 所示。

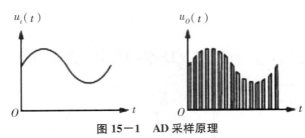

图 15—1　AD 采样原理

将采样结果存储起来，直到下次采样，这个过程称作保持。采样器和保持电路一起总称为采样保持电路。将采样电平归化为与之接近的离散数字电平，这个过程称作量化。将量化后的结果按照一定数制形式表示就是编码。

将采样电平（模拟值）转换为数字值时，主要有两类方法：直接比较型与间接比较型。直接比较型就是将输入模拟信号直接与标准的参考电压比较，从而得到数字量。属于这种类型常见的有并行 ADC 和逐次比较型 ADC。间接比较型就是输入模拟量不是直接与参考电压比较，而是将二者都变为中间的某种物理量再进行比较，然后将比较所得的结果进行数字编码。

TMS320F28335 ADC 转换步骤：

·初始化 DSP 系统；
·设置 PIE 中断矢量表；
·初始化 ADC 模块；
·将 ADC 中断的入口地址装入 PIE 中断矢量表中，开中断；
·软件启动 ADC 转换；
·等待 ADC 中断；
·在 ADC 中断中读取 ADC 转换结果，软件启动下一次 ADC 中断；
·4 路 12 位 DA 输出接口 P252（见附录 A 图 A.2.6）。

参考 C 语言例程：

```
//#############################################
//FILE:DSP2833x_Adc.c
//TITLE:    DSP2833x ADC Initialization & Support Functions.
//#############################################
# include"DSP2833x_Device.h"       //DSP2833x Headerfile Include File
# include"DSP2833x_Examples.h"     //DSP2833x Examples Include File
# define ADC_usDELAY   5000L
//- - - - - - - - - - - - - - - - - - - - - - - - - - - - -
//InitAdc:
//- - - - - - - - - - - - - - - - - - - - - - - - - - - - -
//This function initializes ADC to a known state.
```

```
void InitAdc(void)
{
    extern void DSP28x_usDelay(Uint32 Count);
    //* IMPORTANT*
    //The ADC_cal function, which copies the ADC calibration values
    //from TI reserved OTP into the ADCREFSEL and ADCOFFTRIM registers,
    //occurs automatically in the Boot ROM. If the boot ROM code is
    //bypassed during the debug process, the following function must be
    //called for the ADC to function according to specification.
    //The clocks to the ADC must be enabled before calling this function.
    //See the device data manual and/or the ADC Reference Manual for
    //more information.
    EALLOW;
SysCtrlRegs.PCLKCR0.bit.ADCENCLK=1;
ADC_cal( );
EDIS;
    //To powerup the ADC the ADCENCLK bit should be set first to
    //enable clocks, followed by powering up the bandgap, reference
    //circuitry, and ADC core. Before the first conversion is performed
    //a 5ms delay must be observed after power up to give all analog
    //circuits time to power up and settle. Please note that for the
    //delay function below to operate correctly the CPU_CLOCK_SPEED
    //define statement in the DSP2833x_Examples.h file must contain the
    //correct CPU clock period in nanoseconds.
    AdcRegs.ADCTRL3.all = 0x00E0;   //Power up bandgap/reference/
ADC circuits
    DELAY_US(ADC_usDELAY);   //Delay before converting ADC channels
}
//=================================
//End of file.
//=================================
```

2. 实训步骤

1）A/D 实训步骤

（1）首先开发板上电，后 DSP 仿真器上电，并打开 CCS3.3。

（2）Debug→Connect，连接开发板。

（3）File→Load GEL...（C:\CCStudio _ v3.3 \cc \gel \F28335. gel，不同的仿真器可能不同，有的只需要调入一次，以后的程序都不需要；有些每次都需要调入 GEL 文件）。

（4）Project→Open，打开该目录中的工程文件：Example _ 2833xAdcToDMA. pjt。

（5）Project→Build 或 Rebuild ALL，编译链接；也可跳到下一步，直接加载 . out 文件。

（6）File→Load Program，加载 debug 目录下的文件 Example _ 2833xAdcToDMA. out。

（7）Debug→GO Main。

（8）Debug→RUN 或左侧快捷键 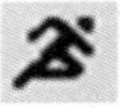 全速运行。

2）D/A 实训步骤

（1）首先开发板上电，后 DSP 仿真器上电，并打开 CCS3.3。

（2）Debug→Connect，连接开发板。

（3）File→Load GEL...（C:\CCStudio _ v3.3 \cc \gel \F28335. gel，不同的仿真器可能不同，有的只需要调入一次，以后的程序都不需要；有些每次都需要调入 GEL 文件）。

（4）Project→Open，打开该目录中的工程文件：Example _ 2823xSpi _ FFDLB. pjt。

（5）Project→Build 或 Rebuild ALL，编译链接；也可跳到下一步，直接加载 . out 文件。

（6）File→Load Program，加载 debug 目录下的文件 Example _ 2823xSpi _ FFDLB. out。

（7）Debug→GO Main。

（8）Debug→RUN 或左侧快捷键 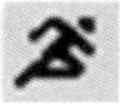 全速运行。

3. 实训结果

1）A/D 实训结果

观察变量 ADC _ Result，调节 VR2 可变电阻，重新运行程序观察 ADC _ Result 的变化，VR2 顺时针电压变高，VR2 逆时针电压变低。A/D 实训结果如图 15—2 所示。

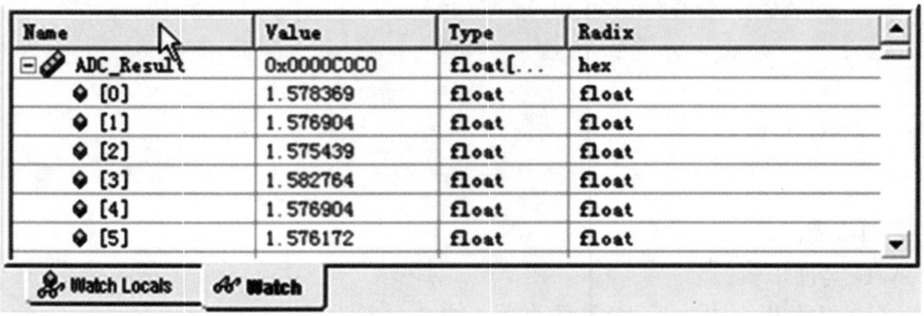

Name	Value	Type	Radix
⊟ ADC_Result	0x0000C0C0	float[...	hex
[0]	1.578369	float	float
[1]	1.576904	float	float
[2]	1.575439	float	float
[3]	1.582764	float	float
[4]	1.576904	float	float
[5]	1.576172	float	float

图 15—2　A/D 实训结果

2）D/A 实训结果

经 DAC 的通道 A 输出 1 V 电压，经通道 B 输出 4 V 电压，可以在插座 P252 的 3—5、3—4 测试到（原理图见附录 A 图 A.2.6）。

五、思考题

（1）说明 ADC 控制方法。

（2）如何选择 ADC？ADC 有哪些重要参数？

实训十六　语音采集处理设计实训

一、实训目的

(1) 了解数字系统的设计过程。
(2) 了解存储器的使用方法。
(3) 了解语音处理过程。

二、实训内容

该实训为设计性实训，实训仪器上提供的存储器容量有限，想多存数据就要使用难度较大的差分脉冲编码调制（DPCM）编码。在做实训时合理使用存储模块，或直接将采集来的数据送 DAC 模块输出。

三、实训仪器和设备

计算机，DSP 硬件仿真器，DSP 教学实训平台，采用 TMS320F28335 模块，通过DSP（FPGA）、A/D、D/A、时钟模块、存储器模块语音输入/输出模块等设计一个语音采集处理系统。

本音频电路采用 TI 公司的 TLV320AIC23B（原理图见附录 A 图 A.1），具有放音和录音功能。

四、实训原理和步骤

1. 实训原理

语音处理器的组成电路主要包括语音输入电路、AD 采样电路、时钟电路、DSP（FPGA）芯片、存储器、DA 转换器、话音输出电路（图 16—1）。

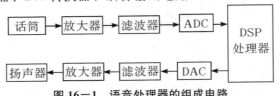

图 16—1　语音处理器的组成电路

考虑 A/D 采样方法。在设计时，对于 A/D 来说，采用何种方法对信号进行采样是很关键的。采样方法主要有实时采样和等效采样两种。一般来说，使用哪种采样方法取决于测试信号的型式：对重复信号波形，采用实时采样或等效采样都可以，但采用等效采样方法更为经济；对非周期信号和瞬态信号，采用实时采样方法能更好地处理和分析。

声音的三个要素是音调、音强和音色。人耳对 25～22000 Hz 的声音有反应，人们在谈话中大部分有用的信息在 3000 Hz 以内。模拟波形能用频率表示并且谱的范围是 30～10000 Hz，但是，大部分有用的和可理解的信息的能量是在 200～3500 Hz 之间。根据奈奎斯特准则，A/D 转换采样速率至少是信号最大频率的 2 倍，因此最小的采样频率应该是 6600 Hz。实际上采用的频率略高一点，达到 8000 Hz。

每个采样测量出特定时刻语音信号的幅度等级。一个采样由 8 位组成，可以有 256 个不同的采样结果，这对于在接收端无失真地恢复模拟信号已经足够。根据 8 kHz 采样频率，每个采样 8 位来计算，线路上每秒中将有 64000 位的数据流，即 64 kBps。运载不同的信息需要不同的线路。高保真音乐的带宽是 15 kHz，FM 电台的带宽是 200 kHz，电视信道的带宽是 4.5 MHz。

参考 C 语言例程：

参考 DSP2833x_Adc.c。

2. 实训步骤

（1）首先开发板上电，后 DSP 仿真器上电，并打开 CCS3.3。

（2）Debug→Connect，连接开发板。

（3）File→Load GEL...（C:\CCStudio_v3.3\cc\gel\F28335.gel，不同的仿真器可能不同，有的只需要调入一次，以后的程序都不需要；有些每次都需要调入 GEL 文件）。

（4）Project→Open，打开该目录中的工程文件：

Example_2833xAIC23_IIC_Mcbsp.pjt。

（5）Project→Build 或 Rebuild ALL，编译链接；也可跳到下一步，直接加载 .out 文件。

（6）File→Load Program，加载 debug 目录下的文件 Example_2833xBuzz.out。

（7）Debug→GO Main。

（8）Debug→RUN 或左侧快捷键 🏃 全速运行。

实训结果：

在耳机上可以听到警报声。

五、思考题

（1）如何提高采集语音精度？

（2）语音的主要参数是什么？

实训十七　DSP课程设计实训

一、课程设计目的

课程设计是综合性课程实践环节，要求学生综合运用本课程的理论知识进行频谱分析和滤波器设计，并利用MATLAB仿真平台和DSP实训平台完成课题任务，从而复习和巩固课堂所学理论知识，提高对所学知识的综合应用能力和对实际信号的处理能力。

二、课程设计总体安排

1. 分组与选题

一个题目一组（最多6个人）。

2. 提交课程设计报告

授课结束时，提交经过上机验证结果的课程设计报告。按要求提交课程设计报告电子版（文件名格式：学号＋姓名＋题目）和打印版各1份（每人1份）。

三、课程设计选题

DSP器件原理与应用课程设计，老师提供8个题目，只给出总体的基本要求，而对每个题目的具体实现方法不做限制。另由学生自拟若干个题目，鼓励学生积极创新。

1）题目1：语音合成器设计

指标要求：

（1）实现语音的采集，分析不同类型语音信号频谱分布的特点。

（2）实现两种不同类型语音信号的合成，如女生读"a"，男生读"b"，合成结果是发出女生的"b"。

（3）基于DSP实训箱实现语音合成器的功能。

2）题目2：语音变声器设计

指标要求：

（1）实现语音的采集，分析不同类型语音信号频谱分布的特点。

（2）实现语音的声音大小、语调高低、语速快慢等变化，并分析变化的原因。

（3）基于 DSP 实训箱实现语音合成器的功能。

3）题目 3：语音消噪系统设计

指标要求：

（1）实现语音的采集，分析不同语音信号频谱分布的特点。

（2）实现语音的加噪和消噪处理，并分析加噪前后频谱分布的特点。

（3）基于 DSP 实训箱实现语音消噪系统功能。

4）题目 4：语音识别控制系统设计

指标要求：

（1）实现语音的采集，分析不同语音信号频谱分布的特点。

（2）实现语音信息的特征提取与识别，并基于识别信息在 DSP 实训箱中实现相应的控制功能。

（3）基于 DSP 实训箱实现语音识别控制系统功能。

5）题目 5：音乐合成器设计

指标要求：

（1）基于乐曲简谱和"十二平均律"，实现不同乐音频率设计，观察分析不同乐音频谱分布的特点。

（2）基于乐音频率实现完整音乐的合成和播放功能。

（3）基于 DSP 实训箱实现音乐合成器功能。

6）题目 6：双音多频（DTMF）拨号系统设计

指标要求：

（1）实现双音多频信号的产生，并观察分析不同信号的波形和频谱分布特点。

（2）实现双音多频信号的识别和检测。

（3）基于 DSP 实训箱实现双音多频拨号系统功能。

7）题目 7：音乐/语音的调制与解调处理

指标要求：

（1）实现音乐/语音的采集，观察分析不同音乐/语音信号频谱分布的特点。

（2）选取适当的调制频率对信号进行调制（高频、低频调制）并播放，观察调制后信号的波形和频谱分布特点。

（3）对调制后信号进行解调处理，并对比分析解调处理后信号与原信号在波形和频谱分布上的异同。

（4）基于 DSP 实训箱实现信号的调制与解调处理功能。

8）题目 8：语音信号的编码处理

指标要求：

（1）实现音乐/语音的采集，观察分析不同音乐/语音信号频谱分布的特点。

（2）选取适当的编码方案（如 G.711）对信号进行编码。

（3）对编码后信号进行对比分析，比较处理后信号与原信号在波形和频谱分布上的异同。

（4）基于 DSP 实训箱实现信号的编码处理功能。

四、课程设计步骤

以语音信号处理为例，基本设计步骤如下（其他题目参考以下步骤）：

（1）查阅资料，明确题目要求，确定系统功能和实现方法。

（2）基于 MATLAB 软件对系统功能和算法进行设计和仿真，确保设计思路的正确性。

①语音信号的采集。基于 MATLAB 完成声音（wave）录制、播放、存储和读取。

②语音信号的频谱分析。画出语音信号的时域波形；然后对语音信号进行快速傅里叶变换，得到信号的频谱特性，从而加深对频谱特性的理解。

③设计数字滤波器并画出其频率响应。根据语音信号的频域特性，选择合理的滤波器参数，并分析不同性能指标下滤波器的频响特性。

④用滤波器对语音信号进行滤波。用设计的各种滤波器对信号进行滤波处理，比较滤波前后语音信号的波形及频谱，并实现语音的播放功能。

（3）基于 DSP 实训箱实现上述算法，完成对语音信号的处理功能。

①基于 DSP 实训箱的语音采集模块实现语音采集。

②在 CCS 编程环境中实现采集信号的处理，包括滤波器的设计、滤波前后信号的波形和频谱展示。

③实现滤波前后语音信号的播放功能。

五、课程设计报告要求

1. 课程设计报告（3000～4000 字）

课程设计报告主要包括封面、目录、摘要和正文。以下简述正文的组成。

1）设计内容

设计内容简述本设计的任务和要求，可参照任务书和指导书。

2）设计原理

设计原理简述设计过程中涉及的基本理论知识。

3）设计过程

设计过程是按设计步骤详细介绍设计过程，即任务书和指导书中指定的各项任务。

（1）程序源代码：给出完整源程序清单。

（2）调试分析过程描述：包括测试数据、测试输出结果，以及对程序调试过程中存在问题的思考（列出主要问题的出错现象、出错原因、解决方法及效果等）。

（3）结果分析：对程序结果进行分析，并与理论分析进行比较。

4）结论

结论包括课程设计过程中的学习体会与收获、建议等内容。

5）参考文献

在报告最后列出使用到的参考文献。

2. 附件

可以将设计中得出的波形图和频谱图作为附件，在课程设计报告中涉及相应图形时，注明相应图形在附件中的位置即可；也可不要附件，所有内容全部包含在课程设计报告中。所有的实训结果图形都必须有横纵坐标标注，必须有图序和图题。

六、考核方法及成绩评定

1. 考核方式

成绩考核由两大部分组成：课程设计报告，程序设计报告和上机调试结果报告。

2. 成绩考核标准

以实际操作技能和分析解决问题的能力为主，成绩考核内容各单项所占分数比例为：课程设计报告，占比 60%；上机实训，占比 40%。

3. 成绩等级

优：能圆满完成任务书所规定的各项任务，对所研究的问题分析、计算、论证能力强，在某些方面有一定的独到见解；说明书、图纸规范，质量高；完成的软硬件达到或高于规定的性能指标；语言简洁、准确、流畅，文档齐全，书写规范。

良：能完成任务书所规定的各项任务，对所研究的问题分析、计算、论证能力较强，某些见解有一定新意；说明书、图纸符合规范，质量较高；完成的软硬件基本达到规定的性能指标；语言准确、流畅，文档齐全，书写规范。

中：能完成任务书所规定的各项任务，对所研究的问题表现出一定的分析、计算、论证能力；说明书、图纸质量一般；完成的软硬件尚能达到规定的性能指标；语言较准确，文档基本齐全，书写比较规范。

及格：基本完成任务书所规定的各项任务，对所研究的问题能进行分析、计算、论证；说明书、图纸不够完整；完成的软硬件性能较差；语言较准确，书写尚规范。

不及格：未完成任务书所规定的各项任务，对所研究的问题分析、计算、论证很少；说明书、图纸质量较差或有抄袭现象；完成的软硬件性能差；内容空泛，表述不清。

第二部分小结

　　本课程 DSP 实训部分采用 TMS320F28335 和 TMS320VC5510A 双模块数字信号处理综合实训系统，解决通信电子、信号处理和自动控制应用问题。

　　通过实训，学生熟知 DSP 硬件系统工作原理和软件编程方法，达到更好地理解理论知识、提高编程能力、培养严谨工作精神的目的，提高对所学知识的综合应用能力。

附录 A 数字信号处理实训电路

A.1 立体声音频编解码器电路

TLV320AIC23 是 TI 推出的一款高性能的立体声音频 Codec 芯片，其内部结构框图如图 A.1 所示。AIC23 内置耳机输出放大器，支持 MIC 和 LINE IN 两种输入方式（二选一），对输入和输出都具有可编程增益调节。AIC23 在芯片内部集成了模/数转换（ADC）和数/模转换（DAC）部件，其中模/数转换部分采用了先进的 Sigma-delta($\Sigma-\Delta$) 过采样技术，可以在 8～96 kHz 的频率范围内提供 16 位、20 位、24 位和 32 位的采样，ADC 和 DAC 的信噪比可以分别达到 90 dB 和 100 dB。AIC23 还具有低功耗的特点，回放模式下功耗仅为 23 mW，省电模式下更是小于 15 μW。由于具有上述优点，AIC23 成为一款非常理想的音频模拟 I/O 器件，在数字音频领域有很好的应用前景。TLV320AIC23 高性能立体声音频编解码器应用电路如图 A.1 所示。

AIC23 主要的外围接口分为以下几个部分：

（1）数字音频接口。

BCLK——数字音频接口时钟信号。当 AIC23 为从模式时，该时钟由 DSP 产生；当 AIC23 为主模式时，该时钟由 AIC23 产生。

LRCIN——数字音频接口 DAC 方向的帧信号。

LRCOUT——数字音频接口 ADC 方向的帧信号。

DIN——数字音频接口 DAC 方向的数据输入。

DOUT——数字音频接口 ADC 方向的数据输出。

（2）麦克风输入接口。

MICBIAS——提供麦克风偏压，通常是 3/4 AVD。

MICIN——麦克风输入，由 AIC 结构框图可以看出放大器默认是 5 倍增益。

（3）LINE IN 输入接口。

LLINEIN——左声道输入。

RLINEIN——右声道输入。

（4）耳机输出接口。

LHPOUT——左声道耳机放大输出。

RHPOUT——右声道耳机放大输出。

LOUT——左声道输出。

ROUT——右声道输出。

（5）配置接口。

SDIN——配置数据输入。

SCLK——配置时钟。

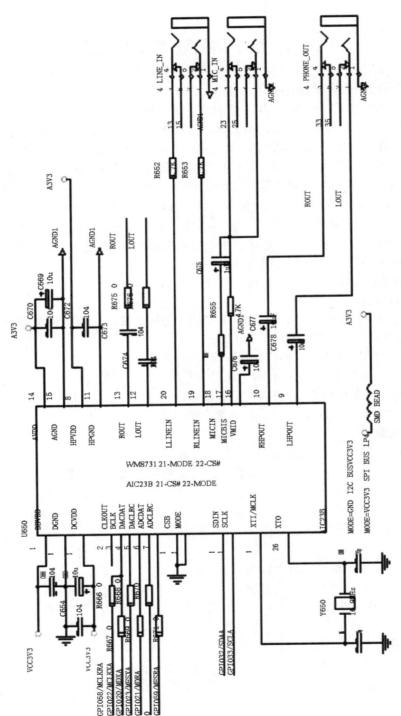

图 A.1 TLV320AIC23 高性能立体声音频解编码器应用电路

A.2 TMS320F28335 硬件电路系统

A.2.1 供电电路

电源电路如图 A.2.1 所示。

（1）电源可由外部电源插孔提供，其中电源插孔 5 V Power 标识为内正外负。电压为直流 5 V，提供电流 1 A 以上。

（2）TPS767D301PWP 是 TI 高性能的电源管理芯片：一路固定输出 3.3 V，提供给 DSP 和需要 3.3 V 供电的外设使用；一路可调电压输出，配置成输出 1.9 V，供 DSP 的内核使用。该芯片提供严格的上电时序，完全满足 F28335 对上电时序的要求。

（3）AMS1117-1.8 电源转换芯片（UP3）提供的 1.8 V 给 USB HOST 芯片使用。

（4）B100 是 500 mA 的自恢复保险，在过大电流的时候断开，可以自恢复。

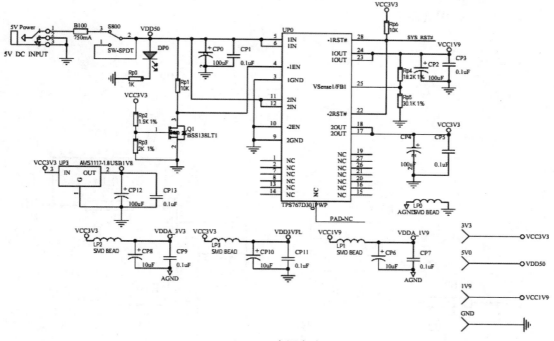

A.2.1 电源电路

A.2.2 JTAG 电路

通过仿真调试接口对芯片进行编程、下载、仿真。为了扩展 TMS320F28335 核心芯片功能，增加了 CPLD 电路，JTAG 接口使用的是 5×2 的 10 针间距为 2.54 mm 的双排针。

TMS320F28335 核心芯片 JTAG 接口使用的是 7×2 的 14 针间距为 2.54 mm 的双排针。其中去除了第六脚，这样可以防止接口反插。芯片 JTAG 仿真接口如图 A.2.2 所示。

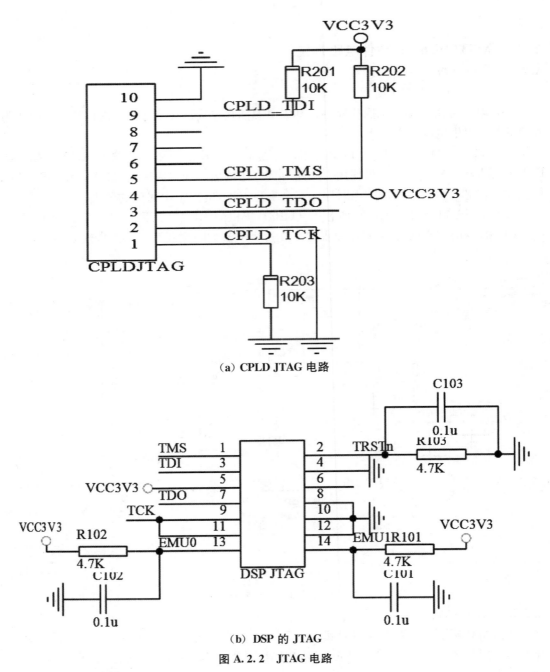

（a）CPLD JTAG 电路

（b）DSP 的 JTAG

图 A.2.2　JTAG 电路

A.2.3　SRAM 电路

本设计兼容 256 k×16 及 512 k×16 的 SRAM，缺省配置为 256 k×16，SRAM 电路如图 A.2.3 所示。

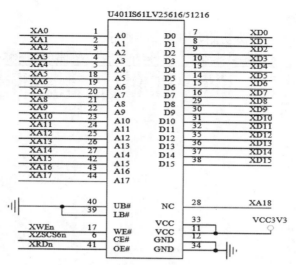

图 A. 2. 3　U401IS61LV25616/51216 SRAM 电路

A. 2. 4　按键电路

按键电路如图 A. 2. 4 所示。

（1）按键 EINT1 用于测试外部中断 1。

（2）按键 RST♯用于手动复位。

（3）其他按键以总线方式读取。

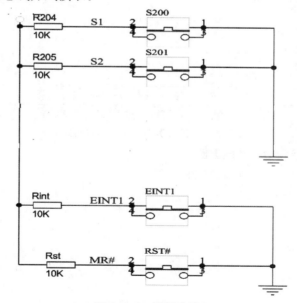

图 A. 2. 4　按键电路

A.2.5 DSP 核心电路

TMS32OF28335 核心管脚功能如图 A.2.5 所示。

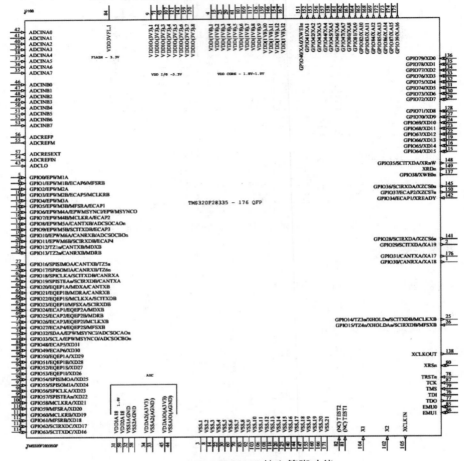

A.2.5 TMS32OF28335 核心管脚功能

A.2.6 AD 输入调理和 DA 转换电路

AD 输入调理和 DA 转换电路如图 A.2.6 所示。

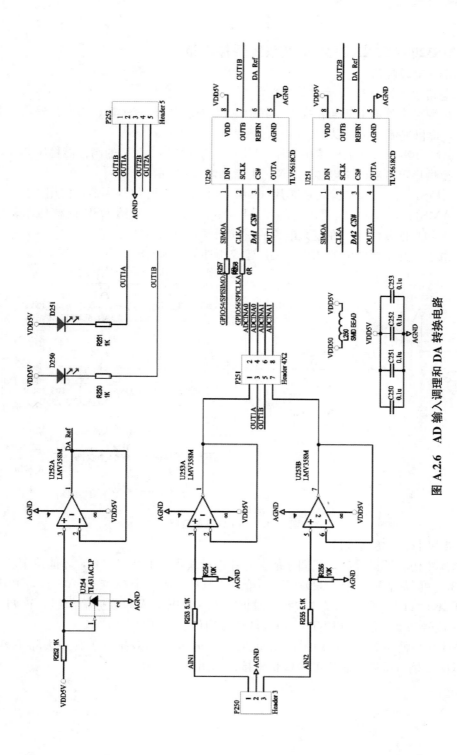

图 A.2.6 AD 输入调理和 DA 转换电路

A.3　TMS320VC55XX 系列 DSP 系统硬件电路

A.3.1　LDO 电源电路

电源电路如图 A.3.1 所示。

（1）电源可由外部电源插孔提供，其中电源插孔 5 V Power 标识为内正外负。电压为直流 5 V，提供电流 0.5 A 以上。

（2）AMS1084－3.3 电源转换芯片（U7）作为 5 V 转 3.3 V 的高性能稳压芯片，为这个开发板提供稳定可靠的主电源 3.3 V，由指示灯 D6 指示。

（3）AMS1117－1.8 电源转换芯片（U4）提供的 1.8 V 给外围器件使用。

（4）AMS1117－ADJ 电源转换芯片（U8）提供的 1.6 V 给 DSP 内核使用。其中的 R12 是 2 A 的自恢复保险，在过大电流的时候断开，可以自恢复。

（5）由于本开发板电流消耗比较大，建议用外部电源供电。

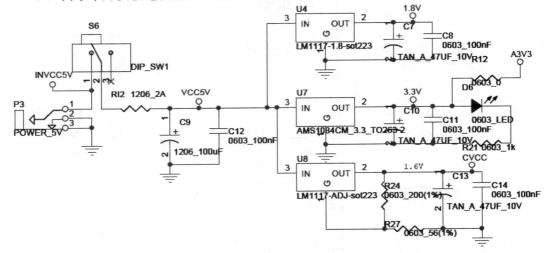

图 A.3.1　LDO 电源电路

A.3.2　芯片 JTAG 仿真接口

通过这个仿真调试接口，我们才能对芯片进行编程、下载、仿真，才能使用芯片。根据图 A.3.2 可以看到，TMS320VC5510 的 JTAG 口是一个标准 JTAG 口，其中包括 TMS、TCK、TDI、TDO（模式选择、时钟输入、数据输入和数据输出线）这四个标准的 JTAG 信号和复位信号 TRSTn，以及两个专用信号 EMU0 和 EMU1。

JTAG 接口使用的是 7×2 的 14 针间距为 2.54 mm 的双排针。其中去除了第六脚，这样可以防止接口反插。芯片 JTAG 仿真接口如图 A.3.2 所示。

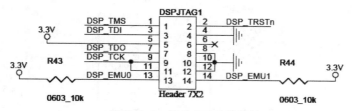

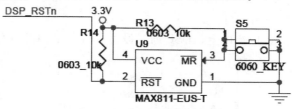

图 A.3.2　芯片 JTAG 仿真接口

A.3.3　MAX811 复位电路

复位电路原理图如图 A.3.3 所示。

（1）芯片上电后自动输出最少 140 ms 低电平复位脉冲。

（2）复位按键 S5 保证手工复位。

（3）当电压低于 3.08 V 时自动复位。

（4）复位信号提供给 TMS320VC5510、CPLD EPM3128。

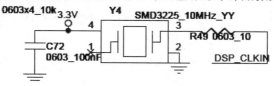

图 A.3.3　复位电路原理图

A.3.4　时钟电路

时钟电路如图 A.3.4 所示。

（1）锁相环（PLL）模块主要用来控制 DSP 内核的工作频率，外部提供一个参考时钟输入，经过 PLL 倍频或分频后提供给 DSP 内核。

（2）C55x DSP 内置一个数字锁相环模块，能够实现 1～4 分频叠加 2～31 倍的倍频。

（3）本开发板上的电路采用外部振荡器方式，选用的外部晶振为 10 MHz。

图 A.3.4　时钟电路

A.3.5 按键电路

按键电路如图 A.3.5 所示。

（1）板上设计了 4 个按键。

（2）按键信号连接到 CPLD 上，DSP 通过读取 CPLD 的内部寄存器来获得按键状态。

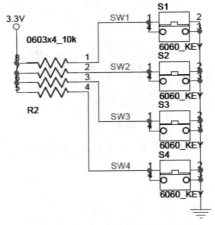

图 A.3.5 按键电路

A.3.6 状态指示灯电路

状态指示灯电路如图 A.3.6 所示。

（1）板上设计了 2 个指示灯。

（2）控制信号连接到 CPLD 上，DSP 通过设置 CPLD 的内部寄存器来控制灯的状态。

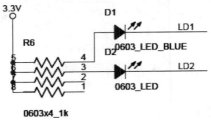

图 A.3.6 状态指示灯电路

A.3.7 外扩 NOR FLASH 电路

外扩 NOR FLASH 缺省型号为 SST39VF800A，速度为 70 ns，存储空间大小为 512 k×16 bit。兼容大小为 256 k×16 bit 的 SST39VF400A，直接和 DSP 的 XINTF 接口连接。因为要和 CPLD 共用片选，其片选信号 FLASH_CEn 由 CPLD 产生。外扩 NOR FLASH 电路如图 A.3.7 所示。

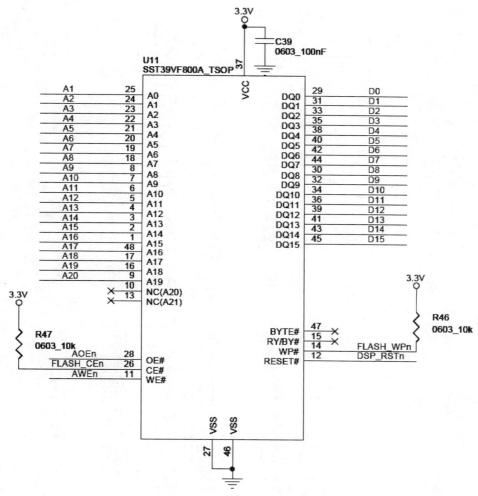

图 A.3.7   外扩 NOR FLASH 电路

A.3.8   DRAM 电路

DRAM 电路如图 A.3.8 所示。

（1）DSP 外扩了 8 MB 的 DRAM，使用的是 MT48LC2M32B2 芯片，由 512 k×32×4 banks 组成。

（2）DRAM 通过 DSP 的专用接口连接。

（3）为保证外部 DRAM 稳定工作，芯片配备了大量 100 nF 的电源去耦电容。

（4）DRAM 的工作频率最高可以达到 200 MHz。

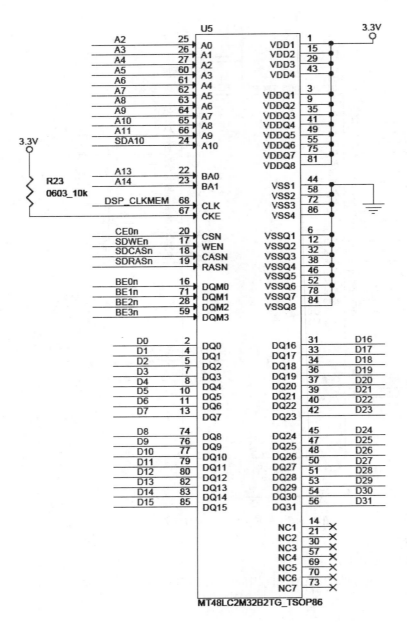

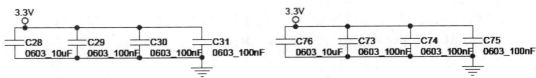

图 A. 3. 8 DRAM 电路

A. 3. 9 拨码开关电路

板上的拨码开关分为两块。其中 SW2 用于启动选择,由于同时兼顾到其作为普通 IO 的用途,这里上下拉均使用高阻值电阻。拨码开关电路如图 A. 3. 9 所示。

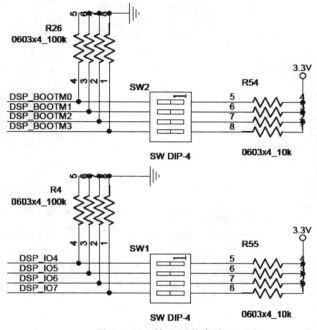

图 A. 3. 9 拨码开关电路

A. 3. 10 CPLD 电路

CPLD 采用 Altera 公司的 MAX3000A 系列 CPLD EPM3128ATC14－10,主要作用是协调各个功能模块的工作,对输入信号译码。CPLD 电路如图 A. 3. 10 所示。

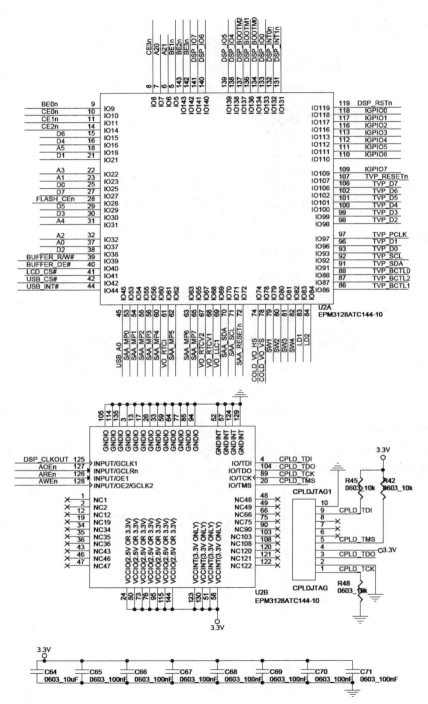

图 A. 3. 10　CPLD 电路

附录 B　信号处理工具箱函数汇总

B.1　滤波器分析与实现

函数名	描　述
abs	绝对值（幅值）
angle	取相角
conv	求卷积
conv2	求二维卷积
deconv	去卷积
fftfilt	重叠相加法 FFT 滤波器实现
filter	直接滤波器实现
filter2	二维数字滤波器
filtfilt	零相位数字滤波器
filtic	滤波器初始条件选择
freqs	模拟滤波器频率响应
freqspace	频率响应中的频率间隔
freqz	数字滤波器频率响应
freqzplot	画出频率响应曲线
grpdelay	平均滤波延迟
impz	数字滤波器的单位抽样响应
latcfilt	格形滤波器
medfilt1	一维中值滤波
sgolayfilt	Savitzky-Golay 滤波器
sosfilt	二次分式滤波器
zplane	离散系统零极点图
upfirdn	上采样
unwrap	去除相位

B. 2 线性系统变换

函数名	描 述
late2tf	变格形结构为传递函数形式
plystab	多项式的稳定性
polyscale	多项式的根
residuez	z 变换部分分式展开
sos2so	变二次分式形式为状态空间形式
sos2tf	变二次分式形式为传递函数形式
sos2zp	变二次分式形式为零极点增益形式
ss2sos	变状态空间形式为二次分式形式
ss2tf	变状态空间形式为传递函数形式
ss2zp	变状态空间形式为零极点增益形式
tf2ss	变传递函数形式为状态空间形式
tf2zp	变传递函数形式为零极点增益形式
tf2sos	变传递函数形式为二次分式形式
tf2late	变传递函数形式为格形结构
zp2sos	变零极点增益形式为二次分式形式
zp2ss	变零极点形式为状态空间形式
zp2tf	变零极点形式为传递函数形式

B. 3 变换

函数名	描 述
czt	Chirp z 变换
dct	离散余弦变换
dftmtx	离散傅里叶变换矩阵
fft	一维快速傅里叶变换
fft2	二维快速傅里叶变换
fftshift	重要排列的 FFT 输出
hilbert	Hilbert 变换
idct	逆离散余弦变换
ifft	逆一维快速傅里叶变换
ifft2	逆二维快速傅里叶变换

B.4   窗函数

函数名	描　述
Bartlett	巴特莱特窗
Blackman	布莱克曼窗
boxcar	矩形窗
chebwin	切比雪夫窗
hamming	汉明窗
hann	汉宁窗
Kaiser	凯泽窗
triang	三角窗

B.5   统计信号处理与谱分析

函数名	描　述
cohere	相关函数平方幅值估计
corrcoef	相关系数估计
corrmtx	相关系数矩阵
cov	协方差估计
csd	互谱密度估计
pburg	Burg 法功率谱密度估计
pcov	协方差法功率谱密度估计
peig	特征值法功率谱密度估计
periodogram	周期图法功率谱密度估计
pmcor	修正协方差法功率谱密度估计
pmtm	Thomson 多维度法功率谱密度估计
pmusic	Music 法功率变宽度估计
psdplot	绘制功率谱密度曲线
rooteig	特征值法功率估计
rootmusic	Music 法功率估计
tfe	传递函数估计
xcorr	一维互相关函数估计
xcorr2	二维互相关函数估计
xcov	互协方差函数估计
cceps	复倒谱
icceps	逆复倒谱
rceps	实倒谱与线性相位重构

B. 6　线性预测

函数名	描　述
ac2rc	自相关序列变换为反射系数
ac2ploy	自相关序列变换为预测多项式
is2rc	逆正弦参数变换为反射系数
lar2rc	圆周率变换为反射系数
levinson	Levinson-Durbin 递归算法
lpc	线性预测系数
lsf2poly	线性谱频率变换为预测多项式
poly2ac	预测多项式变换为自相关序列
poly2lsf	预测多项式变换为线性谱频率
poly2rc	预测多项式变换为反射系数
rc2ac	反射系数变换为自相关序列
rc2ls	反射系数变换为逆正弦参数
rc2lar	反射系数变换为圆周率
rc2poly	反射系数变换为预测多项式
rlevinsion	逆 Levinson-Durbin 递归算法
schurrc	Schur 算法

B. 7　波形产生

函数名	描　述
chirp	产生调频波
diric	产生 Dirichlet 函数波形
gauspuls	产生高斯射频脉冲
gmonopuls	产生高斯单脉冲
pulstran	产生脉冲串
rectpuls	产生非周期的采样矩形脉冲
sawlooth	产生锯齿或三角波
sinc	产生 sinc 函数波形
square	产生方波
tripuis	产生非周期的采样三角形脉冲
vco	压控振荡器

B. 8　多采样率信号处理

函数名	描　述
decimate	以更低的采样频率重新采样数据
interp	以更高的采样频率重新采样数据
interp1	一般的一维内插
resample	以新的采样频率重新采样数据
spline	三次样条内插
upfirdn	FIR 的上下采样

B. 9　特殊操作

函数名	描　述
buffer	将信号矢量缓冲成数据矩阵
cell2sos	将单元数组转换成二次矩阵
cplxpair	将复数归成复共轭对
demod	通信仿真中的解调
dpss	离散的扁球序列
dpssclear	删除离散的扁球序列
dpssdir	离散的扁球序列目录
dpssload	装入离散的扁球序列
dpsssave	保存离散的扁球序列
eqtflength	补偿离散传递函数的长度
modulate	通信仿真中的调制
scqperiod	寻找向量中重复序列的最小长度
sos2cell	将二次矩阵转换成单元数组
specgram	频谱分析
stem	轴离散序列
strips	带形图
uencode	输入统一编码

参 考 文 献

博嵌科教仪器有限公司. 数字信号处理综合实训系统指导书 [M]. 深圳：博嵌科教仪器有限公司，2017.

程佩青. 数字信号处理教程 [M]. 5 版. 北京：清华大学出版社，2017.

高西全，等. 数字信号处理 [M]. 4 版. 西安：西安电子科技大学出版社，2016.

汪春梅，孙洪波. TMS320C55x DSP 原理及应用 [M]. 5 版. 北京：电子工业出版社，2018.

温正，丁伟. MATLAB 应用教程 [M]. 北京：清华大学出版社，2016.

徐国保. MATLAB/Simulink 实用教程：编程、仿真及电子信息学科应用 [M]. 北京：清华大学出版社，2018.

OPPENHEIM，WILLSKY，NAWAB. 信号与系统 [M]. 刘树棠，译. 北京：电子工业出版社，2018.